ちくま新書

自衛隊史

——防衛政策の七〇年

佐道明広
Sado Akihiro

1152

自衛隊史——防衛政策の七〇年【目次】

はじめに

†国民にとっての自衛隊

二〇一四年で自衛隊は誕生してから六〇周年を迎えた。人間で言えば還暦である。前身である警察予備隊は一九五〇年の創設だから、二〇一五年で六五年である。一八七二（明治五）年に誕生して一九四五年の敗戦によって解体された帝国陸海軍は七三年の歴史であった。帝国陸海軍創設から六五年というと一九三七年になり、日中戦争が始まった年である。当時の軍部は国政を左右する巨大な存在であった。

自衛隊はどうであろうか。文民統制下にあって政治への関与は厳しく制限されており、自衛隊がクーデターを起こすことを心配している国民はほとんどいないだろう。最近の世論調査では、九二・二パーセントの人が自衛隊に対して「良い印象」を持ち、「悪い印象」を持つ人は四・八パーセントに過ぎない（二〇一五年一月内閣府「自衛隊・防衛問題に関する世論調査」）。自衛隊はなくてはならぬ存在として国民に定着したと言ってよいだろう。

しかし、自衛隊が最初から広く国民に受け入れられる存在だったかというと、決してそうではなかった。創設時から憲法違反という批判も受けながら、戦後の平和主義の中で苦しみつつ成長してきたというのが実態である。かつては自衛官という存在自体を否定的に考える風潮もあったのである。たとえば、ノーベル文学賞を受賞した大江健三郎は、「ここで十分に政治的な立場を意識してこれをいうのだが、ぼくは防衛大学生をぼくらの世代の若い日本人の一つの弱み、一つの恥辱だと思っている。そして、ぼくは、防衛大学の志願者がすっかりなくなる方向へ働きかけたいと考えている」(「毎日新聞」一九五八年六月二五日夕刊)と述べたことが知られている。

大江だけが特別だったわけではない。本論でも述べるが、自衛隊員やその家族に対して人権侵害と思える活動が行われたこともあった。その意味では、自衛隊をめぐる世相は大きく変わった。今では『国防男子』『国防女子』といった自衛官の写真集が話題になっており、自衛隊を題材にしたテレビドラマがゴールデンアワーで放送されて高い視聴率をとるなど、かつては考えられないことである。

ただし、自衛隊が広く受け入れられる存在になったということと、自衛隊について国民の理解が進むという点は異なる。集団的自衛権や安全保障法制をめぐる国会やメディアの議論の混乱ぶりを見ても、安全保障に関する日本の議論には首をかしげたくなるものが多い。自衛隊に

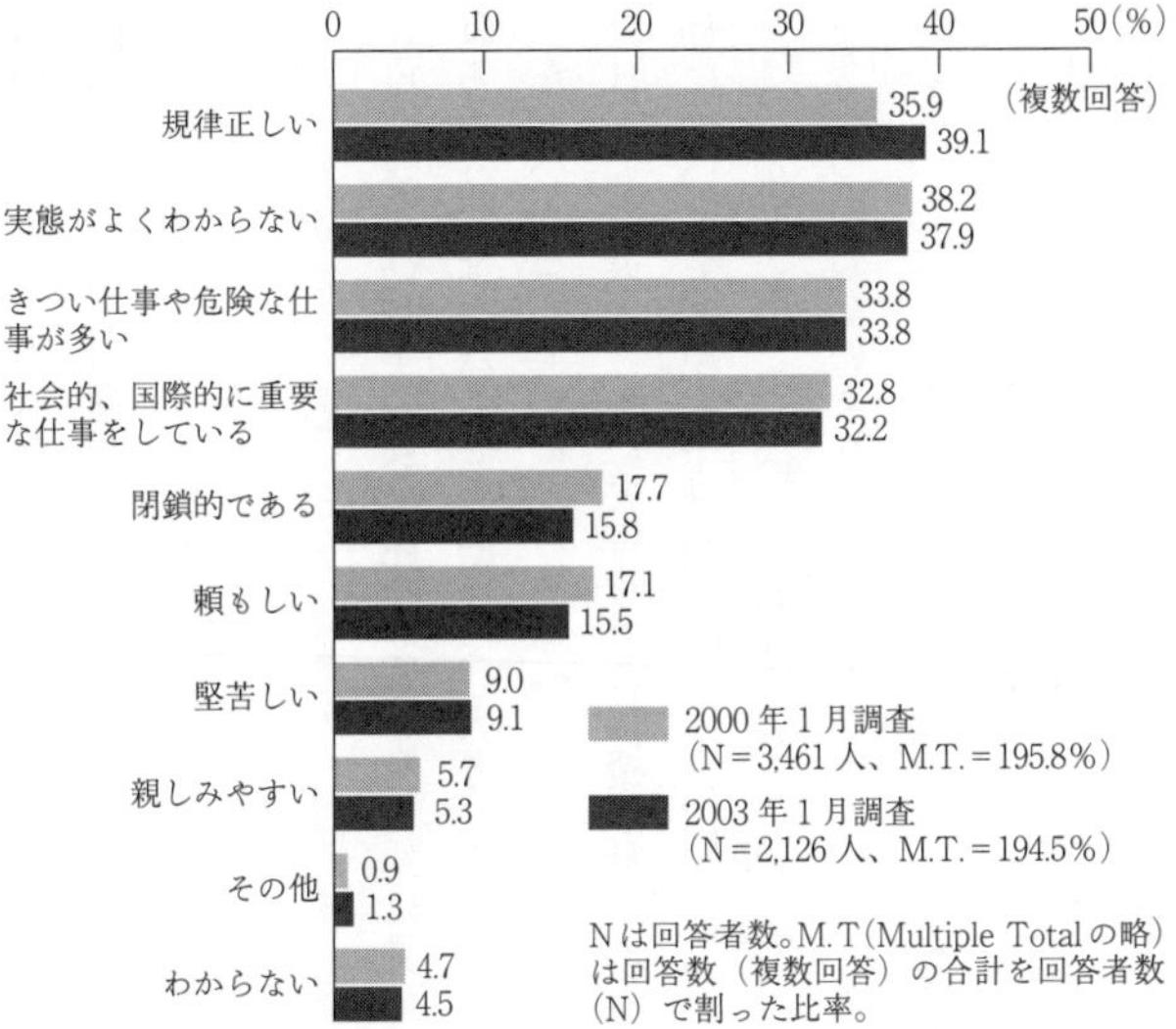

図1　自衛隊への印象
（内閣府「自衛隊・防衛問題に関する世論調査」2003 年 1 月）

ついても、メディアで取り上げられることは増えたものの、実態については知られていないことも多いのではないだろうか。

現在の内閣府世論調査の項目からはなくなったが、二〇〇三年の調査には自衛隊の印象を問う項目中に、その内容に関する設問もあった。それによれば、「実態がよくわからない」という意見が三七・九パーセントもあった（図1参照）。今から一〇年以上前の調査だが、現在もそれほど違わないのではないだろうか。

そもそも国防軍ではなく、なぜ「自衛隊」なのか。平和憲法の下で軍隊としか思えない自衛隊のような組織が作られたのはなぜなのか。自衛隊は他国の軍隊と、どのように違うのだろうか。日本の防衛について、自衛隊はどのような役割を果たすのだろうか。こういった問題を、本書は歴史的経緯を追いながら検証していくことを課題としている。

†四つの視点

自衛隊及び日本の安全保障政策を歴史的に見ていく場合、自衛隊が多くの国民に受け入れられるようになったことと同様に、大きな変化が生じている。それは自衛隊が使われるようになったということである。自衛隊への支持が拡大していった理由の一つに、阪神・淡路大震災、東日本大震災といった災害時での救援活動がある。さらに、最初は反対が多かった国際平和活動についても、現在では高い評価を受けている。こうした活動が国民の間で自衛隊に関する「良い印象」を高めていったわけだが、以前は、自衛隊は災害支援や一部の民生協力以外には、なるべく使わないようにしようとされていた。これには戦後の平和主義的空気が大きく影響している。そこで本書では、自衛隊をめぐる政治だけでなく、世論や一般の議論の動向も視野に入れながら述べていくことにしたい。その際、以下のような問題にとくに留意している。

まず、戦後の平和主義との関係である。本文で詳しく述べることになるが、日本における平和主義の主な流れは非軍事、あるいは反軍事と言ってもいい考え方である。憲法九条を基礎とするものだが、一九五〇年代から六〇年代にかけて大きな影響力を持った中立論でも、スイスのような高度武装中立ではなく、非武装中立といった議論が最大野党から主張されていた。これは第二次世界大戦後の国際社会を見回しても、日本に特徴的な事象である。国連憲章でも自衛のための戦争は肯定されているにもかかわらず、すべての戦争は悪、戦争を行う軍隊は存在自体が悪という考え方であった。

ただ、実は戦後の平和主義にも二つの方向性があったことはあまり語られていない。すなわち、主流になる非軍事を基調とする思潮と、国連への協力を柱とする積極的な平和貢献を考える思潮である。戦後憲法は国連の集団安全保障を前提としていたと考えられる。国連による安全保障とはすなわち、自らは軍隊は持たずに国連によって守ってもらうということである。ここで、国連内における日本の位置が問題となってくる。つまり、独立国家として国連に頼るだけでよいのか、積極的に国連に協力すべきではないのかということである。

二つの平和主義において、前者では自衛隊のような組織は批判の対象となる。一方で後者では、何らかの軍事的組織の必要性が生じ、自衛隊の存在と役割が注目されることになる。結論的に述べると、冷戦時代は前者の非軍事の思潮が中心であったが、冷戦後は後者が注目されることになった。ただ、それは一気に転換したわけではなく、自衛隊の役割が徐々に拡大するという方向であった。平和主義と自衛隊の関係は、現在議論されている安保法制の問題を考える上でも重要である。

第二は、日米安保体制と自衛隊との関係である。戦後日本の安全保障政策が、日米安保条約を土台に構築されてきたことは、改めて述べるまでもないだろう。戦後日本外交の基本方針となったいわゆる「吉田路線」は、日米安保中心・軽武装・経済重視という政策である。五一年に最初の安保条約が締結され、六〇年に改定されて現在に至っているわけだが、一時は日米安保依存とも言える状況であった。では日米安保条約に依存してしまうのであれば、自衛隊の役割は何かという問題が生じる。また、旧安保条約も、改定された安保条約も、米国に日本を防衛してもらう代わりに、日本は米国に基地を提供するという「基地と軍隊の交換」という基本構造は変化していない。在日米軍基地の存在は日本のナショナリズムを刺激し、反米運動を高揚させた。今の沖縄の状況が、五〇年代の日本でも起こっていたのである。

これが、日本の自主防衛・再軍備による米軍基地撤退という主張の基礎になった。戦後日本で長く語られていく「自主」という言葉は、ナショナリズムを背景としており、米国・米軍との距離をどのように考えるかという問題を生じていく。自主性を強く意識すると自衛隊の役割も拡大することになる。さらに、米国の力の弱体化は日米協力の必要性を拡大することになり、日米協力の必要性と、日本の自主性との関係という問題も生じることになる。この点も、現在の安全保障論議の重要課題である。

第三は、日本における政治と軍事の関係である。政治学では「政軍関係」と言われている。戦前、大きな政治的影響力を持った軍部の活動が、日本が無謀な戦争に至る大きな原因となった。その点への反省から、軍事的組織にはその活動に対する厳しい制約が課せられることになった。戦後、米国から導入されたシビリアン・コントロール、すなわち「文民統制」という考え方自体、それまでの日本にはなかったものであり、そのため試行錯誤しながら組織作りが行われていくことになった。そして「文官統制」とも呼ばれる、戦後日本に特徴的な政軍関係ができるのである。

戦後日本で長く続いた政治体制は、保守である自民党と、革新の野党（中心は社会党）が対立する「五五年体制」であった。この体制下で安全保障は日米安保体制に依存しつつ、開発型政治と呼ばれる「利益誘導型」政治が展開されていった。そのため国内問題が中心となり、外交・安全保障といった本来重要課題となるべき政治問題に、「票にならない」という理由で多くの政治家が関与しないという事態を生むことになった。非軍事の平和主義と相まって、自衛隊の管理運営の中心は防衛庁という官僚組織が担うことになり、災害支援や民生協力以外では、極力自衛隊は使わないことになったのである。いかに使わないか、それが冷戦時代の文民統制であった。そうした状況が、冷戦終了で変化していったのである。これは次の第四の問題を生んだ。

それは、日本における防衛政策の内容と実態という問題である。前述のように、冷戦時代の自衛隊は、防衛庁により厳しく統制された、訓練を中心とした部隊であった。長期計画で装備の充実は図られるものの、なるべく使わないことが前提とされたため、実戦すなわち有事を想定した体制が整備されることもなく冷戦終了を迎えた。有事に対する体制整備は、戦後平和主義の下では、きわめて困難でもあった。第二次世界大戦後の軍事力の主たる役割は「抑止力」である。最終的な核戦争の脅威を前提とした核抑止が想定されていた冷戦時代では、核戦争につながるかもしれない武力紛争が米ソ間、あるいはそれぞれの同盟国間で起こることも抑制されていたため、自衛隊も装備の充実と訓練により、存在としての「抑止力」でよかったわけである。

しかし、抑止力と言っても、それは実際に相手が軍事的実力を認めるものでなければ、抑止力として成立しない。一国の軍事力は、所有する兵器のカタログ・データと数で見ることが多いが、軍事的実力をそれだけで見ることはできない。持っている装備の優劣と数量は重要な要素だが、訓練の状況、兵員の練度、士気の高さ、燃料や弾丸等の備蓄、攻撃に耐える力（抗たん性）、部隊・兵員の配置、指揮官の力量、指導者のリーダーシップ、緊急事態への法的体制整備など、さまざまな要因が重なって軍事的実力を構成するのである。

政軍関係という場合、二つの方向性から考える必要がある。一つは「軍による安全」、もう一つが「軍からの安全」である。軍は安全保障の中心的存在である以上、「軍による安全」というのは当然の発想だが、その場合は軍が効果的に活動できるように、なるべく軍を制約しないような体制が求められる。一方で、戦前の日本や途上国での軍部クーデターに見られるように、軍は政府の存在を脅かす実力組織にもなりえる。したがって、軍が暴走しないことを念頭に置いたのが「軍からの安全」という考え方である。これによれば、軍の力はなるべく制約しておく必要があるということになる。戦後日本における防衛組織は、「軍からの安全」を主眼とした組織設計が行われたと言える。

すなわち、自衛隊の活動を制約するということは、一方で「抑止力」を削ぐということにもなるわけである。冷戦という「長い平和」な時期には、自衛隊をなるべく使わないように考えられてきたからそれでも良かったかもしれない。また、非軍事の平和主義の下で培われた「平和国家日本」というブランドそのものは、今後も大事にしていかなければならない重要な価値である。しかし、強力な軍事力を背景にして現在の国際秩序の変革を行おうという動きをする勢力が現れている現在、自衛隊に課せられている制約をどうすればよいのか、本格的な議論が必要となってきているのである。

以上の四つの視点を中心に、自衛隊はどのように生まれ、そして成長してきたのか、歴史的に見ていくことにしたい。自衛隊、そして日本の安全保障政策の今後を考えていくためにも、これまでの歩みを一度振り返っておく必要があると思われる。

第一章

「再軍備」への道
——防衛政策の形成

自衛隊発足記念式典で訓辞する木村篤太郎防衛庁長官（右端下）。

前列右端は林敬三統幕議長（1954年7月1日、防衛庁越中島庁舎屋上、写真提供=共同通信）

1 警察予備隊から自衛隊へ

†占領政策

日本の安全保障政策や防衛機構の歴史を考える場合、やはり敗戦と占領の問題から見ていかねばならない。米国を中心とする日本の占領は、他の占領の事例と比較すれば穏当なものであったが、それでも日本の政治や、とくにその後の安全保障政策に及ぼした影響はきわめて大きかったからである。戦後に制定された憲法と、日本の安全保障の根幹である日米安保体制が定着した現在から見れば、旧帝国陸海軍が解体された後に「軍隊」を持たなかったこと、日本の国土の中に米軍基地が存在していることなど、当たり前のように思っている国民が多いかもしれない。しかし、それらは決して敗戦から当然のように導かれることではないのである。すなわち、占領軍による「非軍事化」「民主化」という占領初期の基本方針がもたらした影響が大きいということである。

実際、旧陸海軍は敗戦による武装解除はやむを得ないとしながらも、講和独立後の軍の再建

について さまざまなことを考えていた。戦争に負けて軍隊が武装解除されても、やがて軍隊を再建するというのは独立国家の基本的権利であるというのが国際的な常識だからである。旧帝国陸海軍の軍人たちも、敗戦直後から、将来いかにして、どのような軍を再建するかという構想を検討していた。それは第一次世界大戦で敗北し、軍隊の規模を縮小させられながら復活したドイツの例にならって、将来再建されるべき軍隊のための母体を残すという構想であった。たとえば、近衛師団を残すという案や宮中護衛のための部隊を創設するという案、さらに警察を拡大してそこに旧憲兵隊を参加させるといったさまざまな案が検討された。しかしこれらはすべてGHQ（占領軍司令部）の非軍事化方針の下で拒否されてしまう。

こうした計画のほかに、旧陸海軍人は、それぞれ独自にGHQと関係していくことで再軍備の方策を模索していた。そのとき、旧陸海軍で活動に大きな違いがあった。戦前、軍部による政治支配と言われる状態での主役であった陸軍の場合、敗戦によって主要な幹部が自殺、戦死、戦犯として逮捕といった具合に、ほとんどが表舞台から姿を消していた。したがって、将官や佐官といった高級軍人のうち、ごく一部がGHQとの連絡役やマッカーサー将軍に関する歴史編纂業務、あるいは吉田首相の顧問といった形で活動していたに過ぎなかった。しかも、こうした軍人たちもそれぞれのグループに分かれており、相互に連絡もないなど、かなりバラバラに活動していたのが特徴であった。

旧陸軍関係者では、戦後GHQとの連絡役になった有末精三《ありすえせいぞう》元中将の「有末機関」、河邊虎四郎《かわべとらしろう》元参謀次長の「河邊機関」、そして吉田首相の顧問でもあった辰巳栄一の「辰巳機関」などが存在したことが知られているが、もっとも注目されたのがGHQ・G2（参謀二部）のチャールズ・ウィロビー少将の支援を受けた服部卓四郎元大佐を中心とする「服部グループ」であった。後述のように服部らは警察予備隊への参加を目指して動いただけでなく、再軍備に積極的に関与する姿勢を見せていた。

一方、海軍はどうだったのだろうか。言うまでもないことだが、海軍は軍艦がなければ話にならない。軍艦は、高度な科学技術の集積体であって、その軍艦をどう使うかが重要になる。つまり操艦や艦隊の運用には高い技術と修練が要求されるので、将来海軍を再建するためには、技術や伝統の継承といったことが陸軍以上に必要であった。その点で言うと、大陸や太平洋方面からの復員業務で艦船を運用しただけでなく、日本本土周辺に大量に散布された機雷を掃海する作業に旧海軍軍人の一部が艦船とともに参加し、それが海上保安庁に引き継がれていったことは海軍にとって幸運であった。掃海業務という小規模なものであっても、海軍軍人の一部がそこに残り、技術や伝統の継承の種になっていったのである。掃海業務を担当して、後に海上自衛隊に参加していった旧海軍軍人の中には、後年、海上自衛隊の最高位である海上幕僚長に就任する者も出るのである。

また、陸軍ほどの大所帯ではなかった海軍の場合、敗戦後も人的なまとまりはきわめてよかった。敗戦時の海軍省軍務局長という要職にあった保科善四郎《ほしなぜんしろう》元中将が、米国海軍にも知人や友人が多く、外務大臣や駐米大使も務めたことのある野村吉三郎《きちさぶろう》元大将を旗頭に立てて、旧海軍省などの課長クラスである元大佐・元中佐などの人材を周りに集めて海軍再建のための活動を活発に展開していた。以上のように海軍は陸軍に比べてまとまって活動しえたのが特徴であった。この点は海上部隊再建のところでも述べることにしたい。

†非軍事化と憲法

占領軍は非軍事化方針の下、①陸海軍の武装解除、②軍関係の機関と法令廃止、③軍事研究・軍事生産の禁止、④戦犯の逮捕と裁判、⑤職業軍人および戦時指導者の追放、⑥軍国主義的・国家主義的団体の解散という施策を迅速に行っていった。そして非軍事化・民主化のもっとも重要な政策が、戦争放棄・戦力不保持を謳う憲法の制定であった。

さまざまな研究が明らかにしているように、GHQ主導による新憲法の制定は、天皇制の擁護と安定的占領政策の推進という、日本とGHQ双方の要望があって実現したものである。今日に至るまで日本が安全保障政策を検討するときの基本条件を作っているのが憲法であり、それが作られるプロセス自体、興味深い検討課題であるが、ここではその後の安全保障問題を考える上で重要な事項について見ていくことにしたい。

第一にGHQと自衛権の問題である。憲法に戦争放棄・戦力不保持という条項が入ったのは、ダグラス・マッカーサーの草案に基づいている。マッカーサーは、憲法起草にあたり三か条を示し、そこに戦争放棄・戦力不保持が入っていた。そして、マッカーサーが最初に書いたメモでは日本の自衛権すら否定されていた。しかしそれは独立国が当然持つべき権利を奪うものだとして、GHQ/民生局で憲法草案を起草するときに、マッカーサーの了解を得て、その部分は削られた（五百旗頭《いおきべ》真『占領期』）。問題は、日本側にGHQの草案を示すにあたり、その点の説明がなかったことである。憲法を審議した国会において、共産党の野坂参三が「戦争一般放棄という形でなしに（略）侵略戦争の放棄、こうするのがもっと的確ではないか」と迫ったのに対し、吉田茂が「正当防衛権を認めるということそれ自身が有害である」と、自衛権すら認めていないと取れる答弁をしたことはよく知られている。こうして戦後日本の安全保障問題は、自衛権を保有しているか否かという問題からスタートしなければならなかったのである。

ただし新憲法を審議した国会では、憲法九条に関する議論は深まらなかった。後に法制局長官となった林修三は後年、「このときは（憲法制定議会——引用者注）新憲法によってわが国の国体が変わるかどうかという点に議論が集中し、第九条の問題は、なお終戦直後の国民総虚脱状態のときでもあり、占領中でもあった当時の状況から、一つには議論してもしようがない、戦勝国側の至上命令であるというあきらめムードで、（中略）突っこんだ論議は、ほとんどされていない。ここで憲法第九条の趣旨や解釈について突っこんだ議論がなされなかったことが、占領が終り、さらにわが国をめぐって国際情勢が変化するとともに、第九条問題が、国会ではもちろん、学界、言論界を通じ、天下の大問題となる原因をなしたといえよう」（林修三『法制局長官生活の思い出』）と回想している。憲法九条・自衛権問題は、日本の再軍備が現実になり始めた時期になって急速に問題化した。憲法制定期に自衛権について徹底した審議をしていなかった政府自体、議論の混乱を生じていくのである。

第二に、憲法制定時から国連との関係が重要な議題になっていたことである。憲法の戦争放棄という考え方が、第一次大戦以降の平和思想、とくにパリ不戦条約などに大きな影響を受けていることはよく知られている。戦争放棄だけでなく戦力を持たないという考えは、憲法前文にある「平和を愛する諸国民の公正と信義に信頼して、われらの安全と生存を保持しようと決意した」という文言と相まって、戦後創設された国際連合による集団安全保障との関係が国会でも意識されていた。したがって、国連による安全保障や国連加盟問題なども議論されていたが、国連との関係では二つの論点が重要であった。

第一は、国連憲章が規定した義務を、軍隊を持たない日本が実行できないのではないかという問題である。後に憲法調査会会長になる高柳賢三は、国連憲章と日本国憲法は哲学が異なるので国連には加入すべきでないと述べていた。また、松本学や南原繁といった人々は、憲章義務を果たせない日本は国連に加入できないのではないかと疑問視していた。占領下で国連加入は将来の問題であり、この問題は議論自体が曖昧なままになっていく。ただし、日本はいっさいの留保条件を付けることなく加盟したわけであり、憲章を忠実に果たす義務を負っているという点についての自覚もあったと思われる。それが第二の点に関係する。

それは、憲法に謳われた理想をどのように実現するかという問題である。すなわち、戦争放棄・戦力不保持や前文の前述の文言からは「不戦の誓い」が導かれるわけだが、前文で謳われた平和主義は世界連邦を目指すような理想主義であり、日本は理想の実現のために何ができるか、何をすべきかということが問われることになる。つまり、ただ不戦を誓うだけでよいのかという問題である。前文にも「われらは、平和を維持し、専制と隷従、圧迫と偏狭を地上から永遠に除去しようと努めてゐる国際社会において、名誉ある地位を占めたいと思ふ。われらは、全世界の国民が、ひとしく恐怖と欠乏から免かれ、平和のうちに生存する権利を有することを確認する。われらは、いづれの国家も、自国のことのみに専念して他国を無視してはならない（略）日本国民は、国家の名誉にかけ、全力をあげてこの崇高な理想と目的を達成することを誓ふ。」と謳われている。この点について、南原繁《なんばらしげる》は次のように述べている。

「国際連合に加入する場合を現在の草案は予想して居ることと考へますが、其の国際連合の憲章の中には、斯かる意味の国家の自衛権と云ふことは承認されて居ると存じます、尚又国際連合に於きまする兵力の組織は、特別の独立の組織があると云ふことでなしに、各加盟国がそれぞれ之を提供すると云ふ義務を帯びて居るのであります、茲に御尋ね致したいのは、将来日本が此の国際連合に加入を許される場合に、果して斯かる権利と義務をも拋棄されると云ふ御意思であるのか、斯くの如く致しましては、日本は永久に唯他国の好意と信義に委ねて生き延びむとする所の東洋的な諦め、諦念主義に陥る危険はないのか、寧ろ進んで人類の自由と正義を擁護するが為に、互に血と汗の犠牲を払ふことに依つて、相共に携へて世界恒久平和を確立すると云ふ積極的理想は却て其の意義を失はれるのではないかと云ふことを憂ふるのであります（傍点引用者）」（貴族院本会議、四六年八月二七日）。

こうした考えは南原だけのものではない。国連加盟を果たしたとき、外務大臣の重光《しげみつ》葵《まもる》は加盟演説の中で憲法前文の文言を述べたあと、その文言に現れたのは日本国民の信条であって国連憲章と完全に合致すること、そして「日本国が国際連合憲章に掲げられた義務を受諾し、且つ日本国が国際連合の加盟国となる日から、その有する総ての手段をもつてこの義務を遂行することを約束するものである」ことを声明した加盟宣言を再確認すると述べている。重光は日米安保改定交渉でも、ジョン・フォスター・ダレスから示されたグアム島防衛問題について肯定的に発言するなど、大日本帝国時代の外交官らしく、独立国家としての日本の責務や国際的位置にこだわり続けた。そうした立場からすれば、一方的に安全を供与されるのではなく、自らは何をすべきかということは当然生じる問題であった。

こうした考えは、帝国の外交官であった重光だけでなく、リベラルな政治思想で知られる石橋湛山も共有していた。石橋は次のように述べている。「僕は憲法の専門家じゃないが（略）、いまの日本の憲法は権利の主張が非常に強く、義務についての考慮が足りない。（略）軍備の問題でもそうです。軍備すなわち徴兵といつて、みなふれることをイヤがるが、国連に加盟して国際的に口をきくためには、義務も負わなければならない。国連の保護だけ要求して、協力はイヤだというのでは、日本は国際間に一人前に立つてゆくことはできません。国連に対して義務を負うということは、軍備ということも考えられるし、また先ほど言つた海外投資も一つの型だろう。とにかく国連に入つた以上、その責任を果すことは考えておかなければいけないと思います」（「石橋湛山大いに語る」『東洋経済新報』五七年一月五日号）

以上のような考え方は、後述の日米安保条約の暫定性の問題とともに、独立後の日本にふさわしい役割とは何かを問う姿勢になっていく。岸内閣で作成された日本外交の三本柱に「国連外交中心主義」が織り込まれたのもその一環である。実際、国連において評価されるべく日本外交は奮闘していた。安保理非常任理事国に当選した日本は、レバノン危機、コンゴ動乱といった問題への対応という形で、「国連中心主義」の具体的中身を問われることになり、独自の案を出すなど一時はその貢献が認められた。しかし五八年のレバノン危機では国連からの「レバノン国連監視団」への自衛隊員派遣要請を断らざるを得なかった。自衛隊は創設にあたって参議院で海外派遣を禁止する決議が出されており、法律も未整備であったからである。

そして六一年二月に松平康東《こうとう》国連大使がコンゴ動乱に関して、「日本が国連中心主義の原則に立って国連に協力するというなら当然派兵すべきである。国内法（憲法および自衛隊法）によって不可能であるならばせめて自衛隊からオブザーバーを派遣すべきである」と発言したことが国会で問題視されたように、当時定着しつつあった戦後平和主義の中においては、自衛隊派遣は議論することすら難しい状況となっていく。一方で、憲法の平和主義は、「不戦の誓い」の面のみが強調されるようになっていくのである。国際社会における平和への取り組みは、外務省など政府の中では議論されていくが具体的な政策には至らなかったし、政府内でも自衛隊の派遣まで議論はなかなか進まなかった。この問題は第四章で改めて述べることにしたい。

†講和と日米安保

占領下の日本政府の重要課題は、戦後復興と講和独立であった。そして講和独立への最重要課題が、独立後の安全保障をどうするかということだった。戦争放棄・戦力不保持を謳う憲法の下で、厳しさを増す冷戦という国際構造の中でいかにして平和と独立を維持していくのかという問題である。

占領下にＧＨＱの主導で制定された戦後憲法は、前述のように、国際連合の集団安全保障機能に大きな期待を持っていた。しかし、一九四六年のウィンストン・チャーチルによる「鉄のカーテン演説」、四七年の「トルーマン・ドクトリン（対共産主義の軍事援助）」、さらに四八年のベルリン封鎖という具合に冷戦は厳しさを増していた。国連安全保障理事会は米ソの対立によって重要な決定ができず、国連の機能低下は明らかであった。

日本周辺、すなわち東アジアも冷戦の進展に強い影響を受けていた。朝鮮半島は南北に分断され、北朝鮮（朝鮮民主主義人民共和国）と大韓民国がそれぞれ政府を樹立して対立していた。第二次世界大戦後、国民党と共産党との間で内戦が続いていた中国では共産党が勝利を収めた。四九年一〇月に中華人民共和国が建国し、蔣介石が率いる国民党は台湾に逃れた。当時はまだ親密な関係であった中国とソ連は、「日本帝国主義の復活及び日本国の侵略又は侵略行為について何らかの形で日本国と連合する国の侵略の繰り返しを共同で防止することを決意し」と書かれた中ソ友好同盟相互援助条約に調印した（五〇年二月）。日本周辺の国際環境も厳しさを増していたのである。

こうした国際情勢を背景に、講和交渉にあたった吉田茂は、復興を果たしたのちは憲法改正・再軍備も必要だが、まずは復興を第一とすべきで、再軍備は時期尚早と考えていた。それは、多額の経費を必要とする再軍備を行った場合、復興に使うべき資金が不足する恐れがあること、戦争終了直後という時期においては日本の再軍備を脅威と思うアジア諸国が多いこと、さらに旧軍人がさまざまな活動を行っている状況からも、再軍備が戦前の軍国主義復活に道を開く可能性も排除できないことが主たる理由であった。したがって、冷戦の進展で政策方針を変えて日本の再軍備を迫るアメリカ本国政府に対し、吉田はマッカーサーを後ろ盾にして再軍備を拒否しつつ、講和のための交渉を進めたのである。もちろん、リアリストである吉田が非武装のままで国際社会において独立を維持していけると考えていたわけではない。吉田が選んだのが、アメリカによる日本防衛、すなわち日米安全保障条約という方策であった。

吉田が行った外交は、のちに「吉田路線」あるいは「吉田ドクトリン」とも呼ばれることになる。それは「軽武装・経済重視・日米安保中心主義」というものである。すなわち、軽武装方針の下で軍事力にはなるべく金をかけず戦後復興を図るとともに、貿易立国として国の発展を考えていく。そして安全保障に関しては日米安保体制に依存するということである。この「吉田路線」は、吉田が政権を離れた後も継承され、安保改定騒動を経て五五年体制が固まっていった六〇年代以降、日本の基本的な外交方針として定着していく。「吉田路線」の下で日本は戦後復興を果たすと同時に、経済大国として国際社会に大きな地位を占めることになり、「吉田路線」は高く評価されていくことになる。

さて、講和交渉と密接に関係した安保条約交渉について、ここでは後の日本の防衛政策と関係する重要な事項を述べておきたい。まず、安保条約の基本的性格である「基地と兵隊の交換」という点である。旧安保条約も、六〇年に改定された現在の安保条約も、アメリカに日本を防衛してもらう代わりに日本国内に米軍基地を置くことを決めている。米軍は日本防衛のみならず、安保条約の条文に従えば「極東」の平和のために基地を使用するわけである。それは日本にとって重要な問題を生じることになった。

一つは、占領が終わっても広大な米軍基地が残ったことである。常識で考えれば、占領軍は占領が終われば帰国する。当時の多くの日本国民もそう考えていた。しかし、実際は占領軍が「在日米軍」と名前を変えただけで残ったのである。これは日本国民のナショナリズムを大きく刺激した。五〇年代は反米軍基地運動が高揚する時代となった。現在、沖縄に見られる状況が本土でも起きていたのである。こうした反米軍基地運動は日本の再軍備問題にも影響を及ぼすことになった。この点は後に改めて述べることにしたい。

次に問題になるのが、安保条約の下における日本の防衛力の役割である。日本の防衛力は警察予備隊から保安隊、そして自衛隊と順次整備されていくが、後述するように、自衛隊が創設された後でも防衛官僚の中枢では自衛隊の役割には低い評価しか与えられておらず、米軍の存在によって日本の安全が保たれるという考え方であった。米軍が存在していれば日本は安全ということになると、自衛隊の役割は何かということになる。日米安保体制が定着していくと、一方で自衛隊の役割は何かが問題となってくるのである。

次に、日本の領域を越える地域での日米防衛協力問題も重要であった。新安保条約の第六条「極東条項」による問題だが、アメリカの力が強大で逆に日本の防衛力が小さかった六〇年代までは、米国の戦争に関する「巻き込まれ論」の議論が多かった。しかしベトナム戦争を経て米国の力に限界が見え始め、日本が経済大国となっていくと、日米協力問題は現実性を帯びていくことになった。現在でも続いている日米防衛協力の問題であり、集団的自衛権問題も関係してくることになる。この問題は七〇年代末からの、いわゆる第二次冷戦期には重要な政治課題となっていく。ただ、第二章で述べるように、この時代には本土防衛に限定した議論に抑えられたため、問題は拡大しなかった。しかし、そもそも日米安保条約は集団的自衛権に基づいて締結されたことを忘れてはならないだろう。

最後に、安保条約の暫定的性格について見ておきたい。吉田が締結した安保条約は、実質的な駐軍協定であり、内乱条項の存在や米軍の日本防衛義務が明記されていないことなど、不平等なものとして批判が強かった。ただ、交渉にあたった外務省の西村熊雄条約局長が述べているように、安保条約は戦後復興を前にして国力が弱体化した日本が不平等であることを受け入れて締結したものであった。アメリカと地域防衛取り決めを結ぶために必要な「継続的で効果的な自助および相互援助」を行うのに十分な自衛力を持っていなかった日本が、暫定措置として結んだ条約であった。したがって十分な自衛力ができれば、より恒常的な条約に変えるべきものとされていたのである（西村熊雄『サンフランシスコ平和条約・日米安保条約』）。

吉田は、経済復興ができたのちに再軍備を行うべきと考えていた。前述の国連への積極的協力問題にも共通するが、独立国として果たすべき役割という問題を、当時の政治家は重視していた。ただ、吉田の場合は、国力の充実を図ることを先に考えており、重光などは独立国としての責任を果たすことを第一に考えるという具合に、優先順位が異なっていた。政策の優先順位は非常に重要な問題であるが、課題認識に関しては共通していたわけである。

さて、吉田は日米安保条約を締結することで独立後の安全保障政策の方針を決めたわけだが、安保条約を締結した五一年九月にはすでに警察予備隊が存在していた。米国は講和交渉を行う中で、日本の防衛力強化をたびたび求め、吉田もそれを部分的に認めざるを得なかったため、警察予備隊は保安隊となった。では、再軍備を拒んでいた吉田の政策と警察予備隊はどのように関係するのだろうか。それはよく知られているように、朝鮮戦争を契機としていた。警察予備隊の創設は、吉田及び日本政府にとって青天の霹靂《へきれき》と言ってよい事態だったのである。

†警察予備隊創設による再軍備開始

米国は当初占領にあたって、日本が再び東アジアで脅威となる存在にならないように徹底した民主化と非軍事化の方針で臨んだ。しかし冷戦の進展によって、アジアにおける反共の防波堤として、日本の復興を積極的に支援していく方針に変化した。そして米本国では日本の再軍備が検討されることになったのである。

一方で、日本の占領統治にあたるGHQは、再軍備の必要はないと考えていた。それは周辺の国々が日本の再軍備を恐れていること、非軍事化という最初の基本方針に反していること、日本人が再軍備を望んでおらず、再軍備しても大した軍隊は持てないであろうこと、といったことが理由であって、とくに憲法制定を自らの功績と考えるマッカーサー元帥が強硬に反対していた。米国陸軍の長老であり、太平洋戦争勝利の英雄である彼の発言力は大きかった。また、沖縄の米軍基地強化により日本本土の防衛も可能と考えられていた。日本の復興を支援し、反共の共同戦線に立つべき存在として日本の再軍備を考える米本国も、本来は出先の軍司令官であるマッカーサーの意見を無視するわけにはいかなかったのである。

実際、日本との関係を強化するため、早期に講和・独立を実現しようと考える米国は、独立後の日本の防衛のために再軍備を日本政府に求めていった。しかし吉田首相は、米国の再軍備要求を、マッカーサーを後ろ盾として拒み続けていく。GHQの再軍備拒否の姿勢はこの後も続いている。こういった姿勢が、のちに朝鮮戦争による警察予備隊創設といった事態に至ったとき、明確な軍事組織にするか、警察力強化程度にするかという基本方針についてGHQ自体が明確さを欠き、性格の曖昧な組織を作っていく原因になっていくのである。

ところで、再軍備には反対であっても、国内治安対策のための警察力強化ということについては日本政府もGHQも意見が一致していた。敗戦の混乱による治安悪化とGHQによる民主化政策の下、労働争議頻発による社会不安は増大していた。冷戦の激化や中国の内戦・共産党の勝利といった国際情勢を背景に、革新勢力の対決姿勢は強まっていたのである。たとえば共産党は四九年一月の総選挙で三五人当選という党勢拡大などを背景に「九月革命方針」を決定し、さらに武装闘争を内容とする「五一年綱領」を決定するなど、反政府的姿勢を明確にしていた。また四九年には「下山事件」「三鷹事件」「松川事件」が相次いで起こり、社会不安を増幅していた。こうして日本の場合、冷戦が国内治安問題といった形で現れてきたわけである。独立を果たした後に「破壊活動防止法」が制定されているように(五二年七月)、冷戦の国内治安問題化はその後も続いており、日本の安全保障問題の特徴ともなっている。いずれにしろ当時は、占領改革で警察の元締めであった内務省は解体され、警察も国家地方警察と自治体警察に分けられるなどのGHQによる改革の結果、かえって弱体化していた。そのため警察力の強化は重要課題となっていた。

治安問題について、吉田がいかに深刻に考えていたかを示すエピソードがある。警察予備隊による「幻の治安出動」と呼ばれるものである。それは一九五二年五月三日に皇居前広場で開催される「平和条約発効ならびに憲法施行五周年記念式典」に、警察予備隊の一個大隊を参列させるという命令であった。式典の二日前におこった「血のメーデー事件」の影響から、当時の治安悪化の中で警察力を補うために警察予備隊の出動が命じられたということであった。これはジャーナリストによる関係者への取材で明らかになったものである（佐瀬稔『自衛隊の三十年戦争』、読売新聞戦後史班編『「再軍備」の軌跡』）。その出動の何が問題だったのか。

この命令は林敬三総隊総監、すなわち制服組の最高責任者から、現場責任者にあたる第一管区第一連隊の連隊長と副連隊長に直接伝えられた。本来であれば、総隊総監から第一管区総監に命令し、管区総監から部隊指揮官に命令が行くことになっていたはずであるのに、異例の指示であった。また、林総隊総監に命令を下すというのは首相以外には考えられないが、当時の吉田茂首相からどのように命令が下されたのかも明確ではなかった。さらに、現場指揮官の判断で機関銃や極秘に実弾も携行して出動することになった。幸いに式典は無事に終了したものの、武装出動が発覚し、現場指揮官は「命令違反」で処罰されたのである。

ここで問題なのは二点ある。第一に、ことにあたって現場の判断が優先されるという旧軍の体質は、警察予備隊となって以降も続いていたということ。第二点は、規定された命令系統を無視して「灰色の出動命令」が出されたということである。とくに問題なのは第二点である。

つまり、曖昧な命令で現場に過剰な負担をかけ、命令を発した者の責任は不明確なままになっている。第一点の現場の判断が優先するという問題も、実はそういう状況に現場が追い込まれてしまったという面があるのである。以上のような問題は、現在の自衛隊には生じないのであろうか。この点はおいおい述べていくことにしたい。

ちなみに、こうした治安問題は、反米軍基地運動とも関連して、「間接侵略」への脅威を生むことになる。「間接侵略」とは、敵対勢力が国内の反政府勢力を支援することで国内混乱を引き起こし、革命などを惹起することで体制転換を図る活動である。米ソの戦争から始まる日本への直接侵略の可能性が次第に減じていく中で、間接侵略の可能性は高いと考えられていく。それは第二次世界大戦後の東欧諸国で実際に起こったことであり、自衛隊の役割という点で大きな意味を持っていくのである。

さて、五〇年六月二五日に勃発した朝鮮戦争は、日本の再軍備問題に大きな影響を及ぼした。北朝鮮の攻勢によって釜山まで追い詰められた米・韓軍の支援のため、日本に駐留する米軍が投入されることになったのである。日本を空白のまま残していては、ただでさえ治安状況に不安を抱えた日本が危機に陥る可能性があると考えられた。

そこで七月八日、マッカーサー連合国最高司令官は吉田茂首相宛に、「七万五〇〇〇名からなる国家警察予備隊を設置するとともに、海上保安庁の現有海上保安力に八〇〇〇名を増加するのに必要な措置を講ずることを認める」書簡を出した。「認める」となっているが、日本政府から占領軍司令部に願い出たのではなく、これは指示であった。政府はこれを国会の審議にかからないポツダム政令とし、八月一〇日に警察予備隊令を公布し即日施行した。警察予備隊の発足である。これをもって再軍備の開始と言われているが、警察予備隊創設のプロセス自体がその後の日本の防衛政策に大きな影響を及ぼしている。そこで、警察予備隊創設過程で、どのようなことが重要であるのかを見ておきたい。

第一は、警察予備隊の創設がGHQ主導のもとで行われたということである。GHQは顧問団を形成し、警察予備隊創設の具体的内容を指導した。しかしマッカーサーの指示を受けた日本政府は寝耳に水で、どんな組織を作ればよいのかわからないままGHQの指示に従った。GHQは前述のように、再軍備を求める米本国に抵抗していたものの、朝鮮戦争による米軍派遣で日本が空白化することに備えた実力組織設置の必要性は認識せざるを得なかった。しかし司令部とくにマッカーサーが主導して作らせた憲法の手前、明確な軍隊組織の創設を命じることはできなかった。したがって、顧問団の指示も曖昧なものにならざるを得なかったのである。

第二に、実際に部隊創設を担当したのは、旧内務省警察系官僚であった。彼らは新しい組織を作るにあたって警察組織のあり方を前提として取り組んだ。警察予備隊令で明記された任務が「治安維持のため特別の必要がある場合において、内閣総理大臣の命を受け行動するものとする」となっており、その活動が「警察の任務の範囲に限られる」となっていたように、警察予備隊の法的な性格が軍隊ではなく警察に近い存在となったことは、旧内務省警察系官僚が組織形成にあたったことが大きく関係している。したがって編成や装備は米軍にならった「軍事」組織でありながら、法的な位置づけは「警察」という曖昧な性格の組織になってしまったのである。

警察予備隊は実働部隊である七万五〇〇〇人とそれを管理する約一〇〇名の職員で構成されたが、旧内務省警察官僚は予備隊の主要幹部のポストに座って、その指導権を握っていく。部隊の最高指揮官である総監にも内務省出身の林敬三（後に初代統幕議長）が就任するなど、警察系官僚は七〇年代まで防衛庁で強い力を持っていく。さらに、当初は旧軍の出身者はなるべく排除する方針であった。後には部隊運用の必要上から、少しずつ旧軍の出身者も加わってくるが、警察官僚たちは徹底して旧軍の影響力が予備隊に及ばないよう配慮していた。

この点に関連すると、予備隊創設に旧陸軍で戦争指導の中枢にいた服部卓四郎らが参加しようとしたことは後にまで影響を及ぼした。服部は参謀本部作戦課長として太平洋戦争中のほとんどの陸軍作戦について立案の中心者であり、東条英機首相の秘書官なども歴任した、陸軍幕僚将校の象徴的存在であった。それだけに陸軍嫌いの吉田首相からは忌避されたものの、服部の後ろ盾になっていたのがＧＨＱの参謀第二部（Ｇ２）のチャールズ・ウィロビー少将であり、警察予備隊創設にあたって部隊の最高指揮官となるべく画策した。結局、吉田首相のマッカーサー司令官への談判によってその動きは挫折したが、予備隊幹部となった警察官僚にしてみれば、いつ旧軍勢力が入ってきてかつての帝国陸軍のような組織になるかわからないという強い不安を生んだのである。それが、実働部隊側すなわち制服組の力は抑え込まねばならないという警察系官僚たちの強い意志になっていく。実際、服部グループはその後も反吉田の鳩山一郎らに接近するなどさまざまな活動を行っており、予備隊・保安隊・自衛隊の内局官僚の中心になっていく警察官僚たちからすると、旧軍勢力の復活は大きな不安材料であったのである。

さらに言えば、警察予備隊創設を担当した旧内務官僚の多くは、戦前の軍の「横暴」に強い反発を持っていた者が多かった。ただ、警察官僚として戦後の治安の悪化については懸念しており、占領改革によって弱体化した警察力を補うものとして警察予備隊の創設にあたったのである。無論、こうした旧内務官僚は、警察予備隊に支給された米軍おさがりの武器や部隊編成から、警察予備隊が軍隊へと変化する芽を持っていることも認識していた。それが講和独立後に、保安隊・自衛隊の中に旧軍の勢力が入ってくることを防ごうとする活動となる。

そして警察官僚が制服組を抑えるための理論的支えになったのが、米国により教えられたシビリアン・コントロールの考え方であった。これは旧軍時代にはなかった概念であり、米国の説明に日本側は最初なかなか理解できなかったという。しかし内局官僚たちはこれを前提に、後の保安隊も、自衛隊も作っていくのである。その際、彼らが参考にしたアメリカの研究者の一人がハロルド・ラズウェルであった。ラズウェルは「兵営国家」(garrison state) 論の提唱者で、軍人は文民より戦争を好むものであり、自由な国家においても軍事化が進む危険を指摘していた。とくに三七年に日本はラズウェルが言うところの「兵営国家」にもっとも近い形をとったとされており、戦争と軍の専横を経験した内局官僚にすれば、非常に納得できる理論であった。現在では、ラズウェルの理論は「軍の役割を誇大に評価する結果となった」と批判されているが、ラズウェルの考え方が、内局官僚が制服組を抑える際の理論的支柱の一つになったことの意味は大きいと言えるだろう。

†機雷掃海から海上部隊再建へ

陸上部隊の始まりは警察予備隊であり、それが保安隊そして陸上自衛隊の母体となっていく。一方で海上部隊は、独自の過程を経て発足することになった。

戦後日本周辺の海上は、密漁・密貿易・不法入国などの悪質な犯罪の舞台となった。帝国海軍が存在していた時代には考えられなかったが、海賊も横行する状況であった。そういった時期に朝鮮半島でコレラが発生し、日本国内に蔓延するのを水際で阻止する必要が生じた。こうして、四八年五月に海上保安体制強化のため海上保安庁が設置されるのである。

ただし、日本の再軍備を警戒するGHQ／民政局は当初、海上保安庁設立についてなかなか賛成しなかった。そのため①職員数一万人以内、②船艇数一二五隻以下、総トン数五万トン以内、③各船艇は千五百トン以内、④速力は一五ノット以内、⑤武器は海上保安官用の小火器のみ、⑥活動範囲は日本沿岸の公海上に限定、という厳しい六条件を付してようやく発足が許可されたのである。しかも、海上保安庁法案の新聞スクープ事件などの影響で、不法入国監視船に大砲を積む計画が不許可となり、さらに海上保安庁法二五条に「この法律のいかなる規定も海上保安庁又はその職員が軍隊として組織され、訓練され、又は軍隊の機能を営むことを認めるものとこれを解釈してはならない」と明記することを命じられるなど、多難の船出となった。

この二五条のため、自衛隊法第百一条二項に「長官（現在の条文では「防衛大臣」）は、自衛隊の任務遂行上特に必要があると認める場合には、海上保安庁等に対し協力を求めることができる。この場合においては、海上保安庁等は、特別の事情のない限り、これに応じなければならない」とあるにもかかわらず、海上自衛隊と海上保安庁の協力体制は長く形成されることはできなかったのである。この矛盾した法律は、実は現在もそのままなのである。

海上保安庁設置の際、前述の掃海グループが海上保安庁に入ってきたのをはじめ、最後の海軍省軍務局長である山本善雄元海軍少将と奥三二《おくさんじ》元海軍大佐の二人が長官付、渡辺安次元大佐が保安局管船課長に就任するといったように旧海軍軍人が大きく関与することになった。さらに、マッカーサー司令部も一万人以下の旧海軍軍人を採用してよいというメモランダムを発し、最終的には旧海軍の士官一〇〇〇人、下士官、兵約二〇〇〇人の計三〇〇〇人が採用されている。海上保安活動には高度の専門知識と技術が必要なために、GHQでも旧軍人の採用を許可せざるを得なかったのである。

ちなみに海上保安庁の掃海部隊は、朝鮮戦争が勃発すると占領軍の指令によって出動した。西海岸の仁川に上陸した後、東海岸の元山に上陸して北朝鮮軍を包囲するというマッカーサーの作戦により、上陸前の機雷掃海を命じられたのである。参戦していないはずの日本から、海上保安庁掃海部隊は占領軍の命令に従い出動し、機雷に触れたMS14号艇が沈没して一名の「戦死者」が出ることになる。ただし、それは長く極秘扱いされていた。

さて、海上保安庁創設に関係した山本善雄元海軍少将や第二復員局長沢浩《こう》庶務課長（元軍務局第一課長）、吉田英三《ひでみ》資料課長（元軍務局第三課長）らを中核としつつ、前述の野村吉三郎と保科善四郎を中心に、かつての将官クラスと佐官級が一緒になって海軍再建のために活動を行っていった。それは五一年一月二四日、秘密裏に結成した「新海軍再建研究会」に代表されている。彼らは、海上保安庁設置に伴う旧海軍軍人採用に関しても積極的に関与しており、やがて海上自衛隊の中軸となっていく人々に対して、大きな影響力を持っていく。これは陸軍がいろんなグループに分かれてまとまらず、再軍備の中心になろうとした服部グループも将官クラスとほとんど連絡せず中堅幕僚層中心に動いていたことと対照的であった。

旧海軍グループの再軍備案で顕著な特徴は、対米関係を非常に重視している点であった。前述のように海軍再建にあたって米国に知人も多い野村を中心にしたことは功を奏し、米極東海軍司令官ターナー・ジョイ中将、ラルフ・オフスティ参謀長、さらにアーレイ・バーク参謀副長(後年、米海軍軍人の最高位である作戦部長に就任)らが野村や保科の活動の強力な後援者となった。その対米関係重視は、野村が対日講和交渉で訪れたジョン・フォスター・ダレスに対して「もっとも大切なる基礎は日米軍事同盟である」と述べたように、軍事同盟としての面を重視していた。のみならず、保科が新海軍再建研究会の計画を米国海軍の対日支援者の代表的人物であるバークに説明する際、再建する新海軍は「米国海軍に協力の客体となる」と述べているように、日米軍事同盟下で、米国海軍と協力できる海軍作りを構想していることを明らかにしているのである。こういった考え方が海上自衛隊創設の基礎にある点は重要である。

そして米海軍の海軍再建に対する好意的姿勢を明確に示すものが、海上保安庁に設置されたY委員会の問題である。米国は五一年一〇月、日本に六八隻の艦艇を貸与することを伝えていた。ただ、その貸与先がどの機関か、明確に定まっていなかった。現存の海上保安庁か、新たに創設される海軍になるのか、あるいは新しいコースト・ガード(沿岸警備隊)なのかという問題で、どこが貸与艦艇を管理・運用するのかを定めるための日米合同研究委員会が設置されることになり、それがY委員会と呼ばれたものである。これは、旧軍部では陸軍がA、海軍がB、民間がCと略称されており、アルファベットを逆に読んだ場合にBにあたるYが採用されたということであった。

海上保安庁のメンバーと前述の山本、吉田、長沢らの旧海軍関係者八名を加えて構成されたY委員会では、貸与艦艇を管理・運用する組織の位置づけについて激しい議論が展開された。海上保安庁側は海軍の復活につながるような、将来海上保安庁から独立することを想定した組織に反対し、貸与艦艇は海上保安庁で運用すべきだと主張した。これに対し、旧海軍グループは当初から「スモール・ネイビー」を作る考えであった。決着がつかない議論に結論を出したのが米極東海軍であった。米海軍は、旧海軍側の案を支持し、将来分離・独立する機構の創設を認めたのである。こうして五二年四月二六日、海上保安庁海上警備隊が創設された。そして三カ月後の八月一日、保安庁創設によって警備隊となって海上保安庁から分離した。旧海軍関係者と米海軍の協力によって海上部隊再建の道が開かれたわけである。

ちなみに、旧海軍グループの活動はその後も続き、創設された海上部隊には旧海軍の伝統が色濃く残されていく。また旧海軍グループの野村や保科は政界に入り、自民党国防族となった。これは、防衛庁内局官僚に警戒心を抱かせることにもつながっていく。この点は後に改めて述べることにしたい。

†独立と保安隊の創設

日本は五一年九月にサンフランシスコ講和条約に調印し、同条約が翌五二年四月に発効することにより占領から解放され、独立した。吉田茂首相は講和に伴う米国との約束に従い、警察予備隊を増強改組し保安庁・保安隊を設置した。保安庁は警察予備隊とは別に組織された海上部隊である警備隊も組織下に置き、保安庁は陸上と海上の二つの実働部隊を管轄する組織として成立した。

このときの問題は、米国の日本の防衛力整備に関する基本的考え方と、日本政府の方針が大きくズレていたことである。吉田にとって再軍備拒否の強い後ろ盾になっていたマッカーサーが朝鮮戦争の最中に解任され、米本国だけでなく在日米軍も朝鮮戦争の激化や極東ソ連軍の脅威といった事態を前にして、日本の再軍備を考えるようになっていた。それは五二年段階で七万五〇〇〇の部隊を、五三年度には最終的に一〇個師団で三〇万から三二万五〇〇〇の均衡の取れた部隊にするという計画であった。これは、当面はできるだけ軽武装で経済復興を中心にし、日本にふさわしい軍隊の整備は長期的に行うという吉田の考え方とは完全に対立していたのである。

保安隊創設後も、再軍備を求める米国の要求は続き、日本に必要な装備取得のための軍事援助を行うという「MSA（相互安全保障法）」による援助問題も絡んで、日米の交渉は難航する。そして五三年一〇月に吉田首相特使として派遣された池田勇人とロバートソン国務次官補との会談で、陸上兵力を来年度から三年で一八万人に増強することなどを盛り込んだ「防衛五ヵ年計画池田私案」を提示して交渉したが、結局明確な合意に至らないまま、防衛力漸増《ぜんぞう》という日本の主張が入れられる形で日米共同声明が作られることになる。米国には日本の防衛力増強への姿勢に不満が残り、一方で日本には一八万人体制整備が米国との約束であるという認識が残っていくことになるのである。

実は池田が提案した「防衛五ヵ年計画池田私案」は、池田とその側近の大蔵省グループが作成したもので、保安庁はそれに関与していなかった。それだけでなく、池田・ロバートソン会談の具体的内容も直接知らされなかった。吉田政権における防衛力増強問題は、日本防衛での必要性といった視点ではなく、米国の要請に応えるために、あくまで大蔵省中心に財政の視点から検討されたものであったわけである。

さて、保安隊も治安維持を主任務とする部隊であり、「軍隊」の主任務たるべき外敵からの防衛は任務とされていなかった。ただ、明確に警察と位置づけられた警察予備隊に比べれば、法制上は治安維持部隊＝警察軍的組織になっていた。軍隊により近づいたということである。一方で、制服組に対する統制もより強化されることになった。いわゆる「文官統制」が明確になったのである。

　すなわち、保安庁長官の下には、官房及び各局という文官で構成された内局と、制服組で構成された幕僚監部という二つの補佐機関が存在していた。保安庁法第一〇条はその二つの補佐機関の関係を規定しており、この条項では官房及び各局の任務として、「保安隊及び警備隊に関する各般の方針及び基本的な実施計画の作成について長官の行う第一幕僚長又は第二幕僚長に対する指示について長官を補佐すること。長官は、保安隊及び警備隊の管理、運営について、基本的方針を定めて、これを第一幕僚長又は第二幕僚長に指示し、各幕僚長は、それに基づいて、方針及び基本的な実施計画を作成するのであるが、長官官房及び各局はそのような長官の指示案を作成する」（傍点引用者）ということが定められていた。これによって内部部局が、制服組に対し事実上の上位に立ったのである。しかも保安庁法一六条六項によって、内局幹部人事から制服組は排除されていたのである。

　さらに内局は、「保安庁訓令第九号」（五二年一〇月七日）によって、「国会その他の中央官公諸機関（以下「国家等」という）との連絡交渉は、各局においてするものとする」となっており、この面からも内局が保安庁を代表する立場となっていた。同時に、外部との交渉上の問題から内部とくに幕僚監部に意見をする立場にあった。このあり方は、保安庁が防衛庁になっても変更されることはなかったのである。

†自衛隊発足

日本はサンフランシスコ講和条約と日米安保条約を同時に締結することで、国際社会への復帰を果たした。ここで重要なのが、前述のように日米安保条約の基本的性格が「基地と兵隊の交換」であるということである。日本は防衛に必要な軍事力を持たない代わりに米国に守ってもらうわけだが、日本はその代わり米国に基地を提供する義務がある。そうすると、本来なら講和・独立後帰っていくべき占領軍が、今度は安保条約に基づいた在日米軍として駐留を続けるということになった（表1参照）。

これはようやく占領から解放されたと思っていた国民には、占領の継続としてとらえられた。旧日米安保は実質的に駐軍協定であり不平等な性格を持ち、さらに駐留軍の法的地位を定めた行政協定も同様であったことから、基地が残ることによって起きた犯罪等に対し多くの国民は反発した。朝鮮戦争もまだ停戦しておらず、戦場から帰った米兵による犯罪も増加し、訓練地の確保などで基地による周辺住民への被害も生じていた。こういった事態が国民のナショナリズムを刺激したのである。五三年から激しくなる石川県の内灘《うちなだ》闘争、五五年から始まる砂川闘争、五七年一月に起きた相馬ヶ原事件（ジラード事件）など、反基地運動が各地で展開されていたし、ビキニでの水爆実験・第五福竜丸被爆（五四年）による反核実験運動もあわせて、五〇

年	兵力合計（人）	陸	海	空	件数	面積（1000 m²）	犯罪検挙件数	備　　考
52年	260,000	—	—	—	2,824	1,352,636	1,431	平和条約発効
53年	250,000	—	—	—	1,282	1,341,301	4,152	内灘闘争深刻化
54年	210,000	—	—	—	728	1,299,927	6,215	
55年	150,000	—	—	—	658	1,296,364	6,952	
56年	117,000	—	—	—	565	1,121,225	7,326	砂川事件
57年	77,000	17,000	20,000	40,000	457	1,005,390	5,173	岸・アイゼンハワー会談。ジラード事件
58年	65,000	10,000	18,000	37,000	368	660,528	3,329	
59年	58,000	6,000	17,000	35,000	272	494,693	2,578	
60年	46,000	5,000	14,000	27,000	241	335,204	2,005	安保条約改定
61年	45,000	6,000	14,000	25,000	187	311,751	1,766	
62年	45,000	6,000	13,000	26,000	164	305,152	1,993	
63年	46,000	6,000	14,000	26,000	163	307,898	1,782	
64年	46,000	6,000	14,000	26,000	159	305,864	1,658	東京オリンピック
65年	40,000	6,000	13,000	21,000	148	306,824	1,376	ベトナム戦争本格化
66年	34,700	4,600	12,000	18,100	142	304,632	1,350	
67年	39,300	8,300	11,400	19,600	140	305,443	1,119	

表1　在日米軍基地の推移

（注1）統計によって基準にした月にズレがあるので、各年ごとの概数として見ていただきたい。

（注2）「兵力数」は『安保関係資料集』（毎日新聞社、1970年）、「施設件数」および「面積」は『防衛年鑑1988年版』、「犯罪検挙件数」は『日米安保条約体制史3』（三省堂、1970年）より作成。

年代は反基地・反米運動が高まった時代であった。

講和・独立は、占領下で公職追放になったり戦犯容疑で逮捕されたりしていた政治家の政界復帰ももたらした。吉田茂に対抗する保守系政治勢力が、反米基地運動の高揚を背景に吉田の「向米一辺倒」を批判し、自主外交・自主防衛、憲法改正と再軍備を唱えたのである。代表的人物は鳩山一郎、石橋湛山、芦田均、重光葵、岸信介といった人々で、鳩山、石橋、岸は吉田の後の政権を担うことになった政治家でもある。

鳩山、岸、芦田、重光といった反吉田勢力は、外国の軍隊によって日本を防衛してもらうという吉田の政策を正面から批判していた。鳩山らは、早急に自衛軍を組織し、外国軍隊の駐留を終わらせるべきだと主張していたのである。

それをもっとも先鋭に行ったのが、重光葵を党首とし、熱心な再軍備論者であった芦田均元首相が参加した改進党であった。改進党は結党にあたって作成した政策大綱（草案）の中で、「わが国が真の自主独立を回復しようとすれば最小限度の自衛軍備を整備して外国駐留軍の撤退を図るべき」と、自衛軍創設による米駐留軍撤退を主張していた。さらに、「わが改進党が立党以来主張して来た自衛軍はまさにかくの如きものであり、事実わが党の主張により自衛隊が創設されるや、アメリカは北海道からその撤退を開始した。もし吉田政府にして講和会談と同時に自衛軍の創設に着手していたならば、すでにアメリカ軍隊の大軍は撤退し、今日の如き莫大な基地を必要としなかったことは明らかである」と、自衛軍の創設こそが基地問題解決への道であると説いていた。改進党がこの後の自衛隊創設をめぐる三党協議で、軍隊としての性格を明確にするように要求したのも、早急に自衛軍の創設を果たしたいと考えたからであった。

ただ、鳩山、石橋らと改進党の重光・芦田らには重点に違いがあり、鳩山らは憲法改正を中心に据えていて再軍備問題についてはあまり明確な方針は持っていなかった。これに対して芦田は明確な軍事組織を持つべきだという考えで、この後の自衛隊創設にあたって大きな役割を果たしていくことになる。いずれにしろ、自らの軍隊を保有することで、在日米軍に帰ってもらい基地を撤去するという考え方ではまとまっていたのが反吉田勢力であった。

　さて、吉田政権は大幅な防衛力増強という米国の要求は自衛力漸増ということで何とか拒んだものの、「向米一辺倒」批判を強める反吉田の政治勢力の前に、国内政治的には苦境に立っていた。とくに五三年三月の「バカヤロー解散」を受けて行われた四月の総選挙の結果、吉田率いる自由党は解散前の二二二から一九九へと大幅に議席を減少させ、かろうじて第一党にはなったものの、過半数を割り込む事態となった。吉田は少数内閣を組織するが、政権の不安定さはどうしようもなく、第二党となった改進党との協力を模索せざるを得なくなるのである。そこで問題になったのが再軍備であった。改進党には自主的な再軍備を積極的に主張する芦田均がおり、芦田を中心に再軍備実現のための研究を進めていた。

　そしてこの改進党との協力関係を作るために行われたのが、一九五三年九月二七日の吉田・重光という党首による会談であった。自由党と改進党の意見の隔たりは大きかったものの、最終的に「国力に応じ駐留軍の漸減に即応する自衛力増強の長期計画を樹てること」ならびに「さし当り保安庁法を改正し保安隊を自衛隊に改めて直接侵略に対抗できるものとすること」ということについて一応の合意ができることになった。こうして自衛隊誕生に向けて動き出すことになったのである。

　吉田・重光会談後、保守三党（自由党・改進党・日本自由党）は保安庁法を改定し、自衛隊を設置するための折衝に入った。この保守三党の中で、主導権を握ったのは改進党である。とくに重要な役割を担ったのが芦田であった。改進党は、憲法改正をしなくても再軍備は可能であるという考え方をとっており、それに基づいて芦田は直接侵略に対応できる、軍隊としての性格が明確な組織を作るべく奮闘した。これに対して、自由党側は再軍備へと方向転換したととられたくないため、なるべく軍隊としての性格を曖昧にし、保安隊の延長としての治安部隊的な組織を作るべく抵抗した。これに、制服組の台頭によって、保安隊で成立している文官優位の体制（「文官統制」）が壊れることを恐れる内局官僚が加わって抵抗する。

とくにこのとき議論された問題は、①国防会議の位置づけ及びその構成、②自衛隊の任務問題、③保安庁（防衛庁）の省昇格問題、④防衛庁設置法と自衛隊法の二本立てにするのかといった問題、⑤統合幕僚会議設置問題、⑥内局幹部任用資格制限問題、といった事項であった。このうち①は防衛庁設置後に組織や構成について改めて審議されることになったほかは、だいたい改進党側の主張が取り入れられて合意ができた。

具体的には、②の任務には直接侵略への対応が明記され、直接侵略への対処と治安維持が自衛隊の主任務となった。これは諸外国の軍隊と同じである。③は当面見送られる。④は改進党の主張どおり、二本立てでいくことになった。⑤は内局の統幕設置時期尚早論をはねかえして統幕設置で合意を得た。そして⑥の内局幹部のポストには制服組が就けないという資格制限も内局の反対を押しのけて制限が撤廃された。自衛隊創設にあたっては、直接侵略を主任務とする、軍隊としての性格がはっきりした組織が作られる方向で合意ができたのである。こうして五四年七月、防衛庁と陸海空自衛隊は発足した。警察力の補完的存在に過ぎなかった警察予備隊から始まって、ようやく外敵の直接侵略に対抗する軍事組織が成立したのである。

2 戦後防衛体制形成期の問題点

†シビリアン・コントロール

五四年七月、防衛庁と陸海空自衛隊は発足した。では、自衛隊の創設過程から明らかになっていく問題点は何だろうか。この後の安全保障・防衛政策と関係が深い問題を中心に見ていくことにしたい。

これまでより軍隊としての性格が明確な自衛隊を創設するにあたって、戦前の軍部支配のようなことが繰り返されないように、自衛隊の出動は厳重な法的統制の下に置かれた。たとえば、直接侵略に対応する防衛出動の場合でも、首相は事前あるいは事後に国会の承認を得なければならず、間接侵略に対応した治安出動の場合でも事後の国会承認が求められていた。

それだけでなく、組織原理の上からも制服組が独断で行動できないように、警察予備隊以来のシビリアン・コントロールが、防衛庁・自衛隊成立にあたって制度に組み込まれたのである。問題は、この場合の日本におけるシビリアン・コントロールとして成立したものが、欧米などのものと異なり、前述のように文民ではなく文官（すなわち内局官僚）の権限が強い「文官統制」といわれるものになっていることである。この点を少し見ておきたい。

成立時における防衛庁・自衛隊の組織は図2のようになっている。保安庁時代の、内局幹部に制服組が任官できないという資格制限は、防衛二法制定にあたっては撤廃された。しかし、実際に内局幹部に制服組すなわち自衛官が任用されることはなく、しかも保安庁法一〇条にあたる部分が防衛庁設置法第二〇条に同じ内容で定められ、内局官僚が広範な権限を得ることになった。実質的に内局は、本来制服組が大きな権限を有する部隊の運用問題（すなわち軍令事項）についてまで関与することになる。このような文官の権限の強い機構は、各国の防衛機構に比べてかなり特殊な制度になっていることは間違いない（図3参照）。

こうした「文官優位制」の成立と定着には、さまざまな要因が考えられる。第一は、旧軍的軍隊の復活を阻止しようとする旧内務官僚の強い意志である。その人的中心が、保安庁保安課長、防衛庁防衛課長、防衛局長、官房長を歴任し、防衛庁内に強い影響力を持って防衛問題に

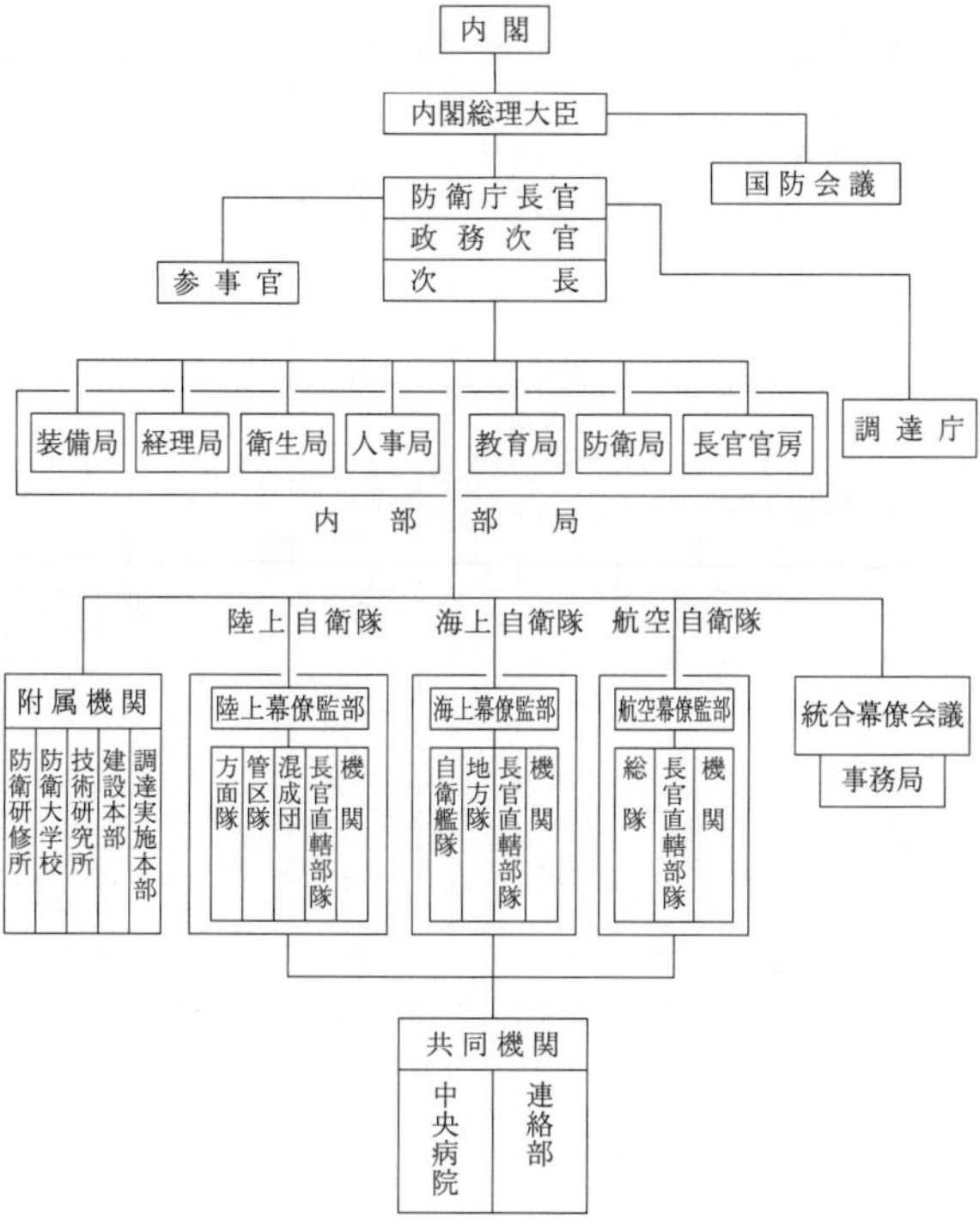

図２　初期の防衛庁機構図　（出典）『防衛庁十年史』

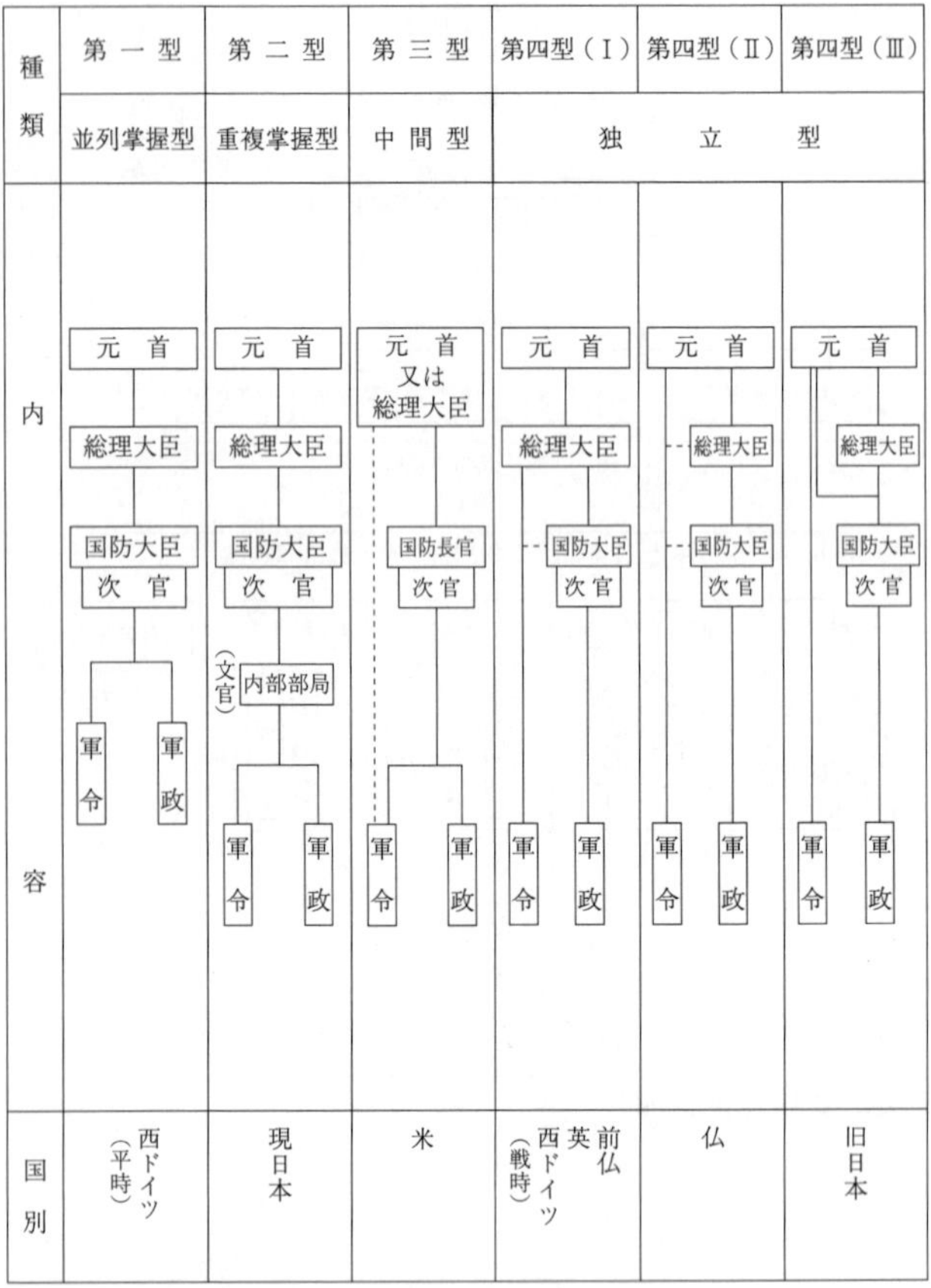

図３　軍政・軍令関係の型（1960年頃）

関する各種の施策をリードしていくことになる海原治《かいはらおさむ》であった。海原は、内務省入省後に応召して終戦時には陸軍主計大尉となるなど軍隊経験があり、さらにアジア太平洋戦争の歴史を深く学んだことから、旧軍に対する強い批判を持っていた。またそれは海原だけでなく、のちに警察庁長官、官房長官などを歴任した同期の後藤田正晴など、海原の前後の時期の内務官僚の多くが旧軍に対する反発を抱いていた。彼らは、新しくできた実力組織に旧軍の勢力が浸透すること、さらに旧軍的な組織になっていくことに強い警戒心を持っていたのである。

では、海原らが警戒心を持たねばならないような事態はあったのだろうか。実は複数存在していた。前述の服部らの活動は予備隊時代にとどまらず、防衛庁・自衛隊創設時にも国防会議に参事官として参加すべく動いており、近年の研究では吉田の暗殺計画まで立案していたという。服部自身は結局、戦後の新しい組織に直接関係できなかったが、防衛庁組織改革問題でも服部の意見書が審議資料として提出されていることなどを考えても、旧陸軍の亡霊のようにしばしば現れ、海原らの警戒心を呼び起こさずにはいられなかったと思われる。

旧軍関係では海軍の問題もあった。むしろ旧陸軍は戦後の組織に影響力を及ぼさないようにされていたのに対し、海上警備隊から海上自衛隊に至るプロセスから見れば、まさに旧海軍の復活とも言える状況であった。警備隊、海上自衛隊創設にあたって参加してきた旧海軍軍人は元大佐・元中佐クラスのいわゆる中堅であるが、米海軍と協力して海上部隊復活に向けて活動した野村吉三郎元大将、保科善四郎元中将は、野村が参議院議員、保科が衆議院議員となり、自民党成立後は国防部会の中心となって活動した。

さらに保科は、経団連初代会長であった石川一郎と個人的に親しい間柄であったことから財界との関係が深くなり、経団連防衛生産委員会と保科が中心となった自民党国防部会は密接な関係を持ち、自衛隊の装備計画に影響力を及ぼした。この点について海原は次のように述べている。

「(略)私が担当したことで言いますと、自民党の国防部会がナイキとホークの生産について、一つは三菱、一つは東芝、そういうふうに決めているんですね。そんなこと、どうして決めるんだと。そのことを国会で質問されて、私ではありませんが、別の経理局長が『そういう決議があったことは私も承知しています』と答弁していますよ。(略)そんなことを言えば、国鉄の車両の注文を自民党の運輸部会が決めるようなものだと。(略)そういうことも、いろいろと防衛関係の生産の問題を混乱させた一つの理由ですね」(『海原治オーラルヒストリー』)

これまでの歴史でも「グラマン事件」や「ロッキード事件」に象徴される新航空機導入に関する「FX商戦」と呼ばれるものでは、大物政治家の名前も取りざたされた疑獄も生じている。新型航空機だけではなく、レーダー・システムや誘導弾など、防衛装備購入には巨額の費用がかかり、疑獄の温床になりかねなかった。海原ら、新設組織である防衛庁・自衛隊を「正常」

に育てていかねばならなかった防衛官僚からすれば、防衛庁・自衛隊の周辺で活動する政治家たちに対して危機感を持っていたとしても不思議ではなかったのである。

さて、こうして内局官僚が保安庁さらに防衛庁・自衛隊が創設されていく過程で主導権を握っていく一方で、自衛隊のあり方について政治が明確な方針を立てることができずに流れに任せていたことも官僚の力が強くなる要因であった。警察予備隊から自衛隊に至る過程は吉田政権時代であり、再軍備に関しては吉田の考え方が重要であったのは間違いない。しかし、吉田が実際に力を注がねばならなかったのは戦後憲法下での安全保障をいかに構築するかという問題、すなわち日米安保体制の形成であった。簡単に言えば、吉田は米軍による日本の防衛を基礎としつつ、漸進的な再軍備を考えていたわけだが、戦争と交戦権を放棄し戦力を認めない戦後憲法の下でどのような「軍事体制」を構築すべきかについて具体的に検討する余裕はなかった。吉田は、旧軍が復活したような軍隊には明確に反対しており、保安大学校校長に慶應義塾大学の槇智雄《まきともお》を据えてリベラル・アーツを重視した教育を行わせるなど、可能な範囲での関与は行っているが、やはり限界があったと言えよう。

ところで、内局による統制が枝葉末節にまで及んでいるという批判は、すでに当時から存在していた。そのため、従来からの局課制に代わって、米国国防省の次官補制度にならった参事官制度の導入が検討された。すなわち、防衛庁長官を補佐するスタッフを政治任用で採用しようということである。詳しい経緯は紙幅の都合で省くが、結局これも内局幹部の反対にあい、官房長及び局長が参事官になるという曖昧な形での制度導入に終わってしまった。長官の補佐は、参事官でもある内局の官房長・局長が行うことになったわけである。内局官僚の防衛庁内での優位には何の変化もなかっただけでなく、参事官制度（二〇〇九年に廃止）がのちに文官統制の象徴のようになっていくという皮肉な結果になるのである。

†自衛隊の役割とは何か

陸海空自衛隊について、その組織的性格の違いを述べた次の言葉をご存知の方は多いかもしれない。

陸上自衛隊――用意周到・動脈硬化
海上自衛隊――伝統墨守・唯我独尊
航空自衛隊――勇猛果敢・支離滅裂

これには異なるバージョンもあり、さらに「統幕――高位高官・権限皆無、内局――優柔不断・本末転倒、記者――浅学菲才・馬鹿丸出し」というのもある。これらは昔、防衛担当記者が作ったものらしい。こういった比喩がどれほど本質を言い当てているかは別にして、陸海空各自衛隊が、創設の経緯も、その組織的性格も異なっているのは間違いない。陸上自衛隊は五〇年の警察予備隊、五二年の保安隊を前身とし、海上自衛隊は海上保安庁内の海上警備隊、保安庁の警備隊を経て海上自衛隊となった。航空自衛隊については自衛隊発足時に新設された。

ここで重要なのは、各自衛隊発足にあたって旧軍との関係及び関係者に違いがあることである。前述のように陸上自衛隊の場合は、警察予備隊以来、旧軍の影響力をなるべく少なくする方針で創設・運営されていた。一方の海上自衛隊は、旧海軍軍人との強い関係の下で発足し成長していくことになった。新設の航空自衛隊は、旧陸海軍の航空部門の人々が、米軍の協力の下で誕生したが、創設にかかわった者がもともと陸軍と海軍の双方にまたがっており、旧軍の影響も大きくなかった。

こうして、陸海空の三自衛隊が創設される経緯も、かかわった人々も異なっていたことによって、それぞれの組織文化に大きな違いが生まれた。陸海空それぞれの部隊に独自の文化があり、戦略思想にも違いが生ずるのは自衛隊だけの問題ではなく、世界中の軍事組織にも共通する現象である。戦前の帝国陸海軍の不仲は有名で、戦時中にもさまざまな対立があったことはよく知られている。戦後創設された保安大学校（後の防衛大学校）では、戦前の陸海対立のような事態が生じるのを防ぐため、学生時代に陸海空に分けることをせず、共通の課程で学ぶようにしている。

それでは何が問題なのかと言えば、陸海空の防衛思想が異なっているという点である。日本本土防衛を中心とする陸や空と、本土防衛第一ではなく、後述のように海上護衛戦や米海軍との協力を考慮した三海峡（対馬・宗谷・津軽）防衛を念頭に置く海上自衛隊では、しばしば課題となる「統合運用」も容易ではなかった。

さて、防衛政策という問題を考えるにあたって重要なのが、長期計画の策定である。小銃や自動車などはともかく、自衛艦にしろ飛行機にしろ、高度な科学技術の集積体のような装備は完成まで数年かかるし、一つ一つの単価も高額になる。限られた予算を効果的に配分して装備を拡充し、部隊を強化するにはどうしても何年かにまたがる長期計画が必要である。そして長期計画をまとめるためには、その前提となる防衛基本方針が必要となる。つまり、日本をどのような敵からいかにして守るのか、その場合、陸海空の各自衛隊はどのような役割を果たし、そのためにはどのような装備が必要となるかということについての基本的考え方である。

このような長期計画を策定する必要性は、すでに保安隊が設立された頃から唱えられていた。それは、前述したように米国によって要請されていた防衛力増強という課題にどう応えるかということと、朝鮮戦争を契機に芽を出した防衛産業からの期待もあってのことであった。

しかし、長期計画の基本となる防衛構想でも、陸海空という戦力のうちどれを中心に戦力構成を考えていくのかが問題となる。そしてその前提として、日米安保体制にどの程度依存した計画を立てればよいかという問題が存在している。日米安保体制に全面的に依存する、すなわち日本防衛の主役を米軍と考えるならば、自衛隊の役割はきわめて限られたものとなり、規模や戦力も小さなものですむことになる。一方で米国の日本防衛にも限界があるということになれば、自衛隊が果たすべき役割は大きくなり、したがって規模も戦略も相応に大きなものにしていく必要が生じるのである。当時の議論によれば、日本防衛ということであれば空と海の役割が大きくなるという考え方も有力であった。

以上のような問題を関係する部局と調整し、また財政問題も考慮した長期計画を策定していく作業は、結局、防衛行政全般にわたって大きな権限を持つ防衛局防衛課がその任にあたるしかなかったのである。

ただ、その任にあたる可能性があるところはもう一つあった。統合幕僚会議である。統幕議長は陸海空自衛隊の最高位であり、各幕僚監部を調整する任務を負っているはずであった。しかし実際は、創設時から統幕の権限は限定されたものであって、三自衛隊の意見を調整し、長期計画をまとめる力はなかった。この間の事情について、当時防衛一課長として長期計画のとりまとめにあたった海原は、一度文書で統幕に長期計画のとりまとめを防衛庁長官名で発出したが、できないという口頭の返事が林統幕議長から来たこと、内局しかできないから担当している証拠として文書で返答させるべきであったことを回想している。いずれにしろ、防衛庁・自衛隊創設時点で、もっとも重要な長期計画策定という仕事は、内局（防衛局）の担当ということになったのであった。

　こうして長期計画策定は、防衛局防衛課が担当することになった。そして決定されたのが岸内閣時代の「国防の基本方針」（五七年五月二〇日）と「第一次防衛力整備計画」（同年六月一四日）である。岸首相は、鳩山内閣時代の重光外相が米軍の全面撤退を目指して安保改定交渉を行ったが失敗したことを教訓に、安保重視の姿勢を明確にしつつ自衛力整備の具体案を示すことで米地上軍の撤退を実現し、基地問題を大幅改善に導くとともに、安保改定の足がかりを得ようと考えていたとされている。そのために自らの訪米に間に合うように急遽、「国防の基本方針」と「第一次防衛力整備計画（一次防）」をまとめさせた。ではこの二つはどのような内容のものだったのか。まず「国防の基本方針」から見てみよう。

「国防の基本方針」は次のようにわずか四項の短い条項である。

①国際連合の活動を支持し、国際間の協調をはかり、世界平和の実現を期する。
②民生を安定し、愛国心を高揚し、国家の安全を保障するに必要な基盤を確立する。
③国力国情に応じ自衛のため必要な限度において、効率的な防衛力を漸進的に整備する。
④外部からの侵略に対しては、将来国際連合が有効にこれを阻止する機能を果し得るに至るまでは、米国との安全保障体制を基調としてこれに対処する。（傍点引用者）

重要なのは、第四項に表れた日米安保体制を基調とするという方針が、以後日本の防衛政策の基本となっていくことである。これによって日米安保中心の方針が明確化され、岸が目指す安保改定への布石となった。それだけでなく、以前に見られた自主性の強い防衛論を封印することにもなった。すなわち軍事的に見た場合、日本の防衛で日米安保に完全に依存しきってしまうのは無理があり、日本防衛にもっとも寄与すべき内容の防衛力を整備するよう努力すべきだという有力な考え方が制服組を中心に存在していた。そうなると、長期計画策定の主導権を制服組が握ることも十分考えられる。しかし、「国防の基本方針」をまとめた海原は、「基本的に米軍のいる日本を攻める国はない」し、もしそんなことがあったとしても「それはもう〝アメさん〟にやってもらうよりしょうがない。われわれにはそんな能力はない。当分持ち得ない」(『海原治オーラルヒストリー』)と考えていた。自衛隊へのきわめて低い評価を前提に、日米安保依存とも言える考え方をしていた。このような考え方に立った上で、日米安保基軸を強く打ち出して制服組の発言権増大の可能性を抑えたのである。

さて、「国防の基本方針」にはもう一つの重要な意味があった。それは第三項に見られるように、政治状況やとくに財政への配慮を明確にした点である。防衛力整備計画を策定する際に財政問題が関係するのは当然だが、日本防衛の基本方針の中に、わざわざ財政への配慮を文章にして明記したことは、防衛政策立案の際に、財政の視点が常時大きな位置を占めてくることを意味する。そしてこの点は、「国防の基本方針」策定後まもなくまとめられた一次防にも、

「常に経済の安定を害しないように留意し、特に年次別の増勢については、財政事情を勘案し、民生安定のための諸施策との均衡を考慮しつつ、弾力的にこれを決定する」と、くどいほど財政面への配慮が記されているのである。

以上のような「国防の基本方針」と「一次防」で明確になった日米安保中心主義、財政面の重視は、ともに日本独自の防衛構想に基づく防衛論の封印に大きな力があった。これによって、制服組の発言権が増大するのが抑えられ、防衛政策における「文官優位」の体制がより明確になったのである。

憲法と安全保障政策

前述のように、憲法九条・自衛権の問題は、新憲法が審議された当初は「芦田修正」のようなものを除いて、それほど大きな議論は展開されなかった。警察予備隊も前述のように「警察」として法制上は性格づけがなされていたため、大きな問題に発展せずに収まっていた。九条の問題が活発に議論されていくのは、やはり講和独立後の保安隊設置、自衛隊創設という時期からであった。当時は憲法改正論議も盛んであり、独立後の日本の針路という問題も関連して、大いに議論になったのである。

そして自衛権、自衛隊の合憲性、自衛隊と戦力の関係に関する政府統一見解は、鳩山内閣、林修三法制局長官の時代に主としてまとめられていった。これはすなわち、憲法九条と自衛隊に関する議論自体は、鳩山内閣が誕生する一九五四年一二月頃までに主要な論点は提起されており、それに対して政府が統一見解としてまとめたということであった。それは、吉田政権に対し批判的な立場をとっていた鳩山自身が、吉田内閣の憲法九条解釈はおかしいと批判してお り、今度は鳩山内閣が成立した以上、鳩山内閣の憲法解釈が問われる事態となったからである。鳩山政権での統一見解はまとめると以下のようになる。

「①憲法は自衛権を否定していない。
②他国からの侵略に対し自衛のための実力で抗争するということは、国際紛争解決のための戦争などの放棄とは別問題で、憲法の否定するところではない。
③自衛隊のような、自衛のための任務を持ち、その目的のため必要相当な範囲の実力部隊を設けることは憲法第九条の違反ではない。
④外国からの侵略に対処する任務を持つものを軍隊というならば自衛隊も軍隊と言える、しかし、そうであったからといって憲法に違反するものではない。
⑤自衛隊は違憲ではないが、憲法第九条についてはいろいろ世上に誤解もあるので、機会を見て憲法改正を考えたい。」(林修三『法制局長官生活の思い出』)

吉田政権時代に、警察予備隊・保安隊・自衛隊と組織を拡大していくのに対応して、憲法解釈は拡大されていった。それに対して批判していた反吉田の代表である鳩山が内閣を組織したが、憲法改正が早期には困難であるという状況の中で、吉田政権時代の憲法解釈に同調していったわけである。こうして保守政治勢力側の憲法と自衛権に対する認識が、この時期にまとめられていった。これ以後は、こうした統一見解から外れないような答弁が求められ、それに対する野党の議論は主として正面からの憲法論議より、答弁の揚げ足取りといった些末なやり取りが中心となっていく。その傾向は五五年体制が安定化し、憲法と日米安保体制の関係が調和していった六〇年代に、ますます強くなっていくのである。日本における安全保障問題は、憲法の枠内での法律論議に終始するという、戦後日本に特徴的な状況が生まれるわけである。

ところで、ここで「戦力」とは何かという問題が生じた。憲法が禁じた戦力に自衛隊が該当するのではないかという問題である。米軍おさがりのカービン銃程度の武器に始まり、やがて戦車（最初は特車と言った）や大砲を装備し、軍艦や戦闘機を備えた部隊が戦力にあたるのではないかというのは当然の疑問である。政府の統一見解は、「近代戦遂行能力を備えたものが戦力」というものから、やがて「自衛のための必要最小限の自衛力を超えたものが戦力」と変わっていく。抽象的で明確な基準となりにくいが、いずれにしろ自衛隊は戦力すなわち軍隊ではないという位置づけである。こうして、現在まで自衛隊は、法律的には軍隊ではない国土防衛組織として扱われたわけである。法的には軍隊でないことは、冷戦時代には問題を生じなかった。しかし冷戦が終わって、実際に自衛隊が海外でも活動するようになるとさまざまな問題を生じてくる。この点は第四章以降で見ていきたい。

以上に関係して、もう一つ大事な問題が「専守防衛」である。専守防衛は、平和憲法下における日本の基本的防衛方針を示すものとして定着した。この言葉自体は、国会審議では自衛隊創設期から現れているが、本格的に使われるのは六〇年代である。戦後平和主義の下で日本の防衛に関する姿勢を説明する便利な政治用語として使われた。やがて「防衛白書」でも使用され、日本の防衛政策の基本方針として定着していくことになる。ただ、軍事戦略の用語として「専守防衛」という言葉はない。「戦略守勢」ならば存在するが、相手からの攻撃を待ち、しかも最小限度の抵抗しかしないというのは軍事戦略上は考えられない。戦後平和主義の下、本来は政治的に用いられた言葉が基本的な防衛政策と考えられていくところに、日本の防衛問題の難しさもあると言える。

ところで、自衛隊は本土防衛を主任務として創設されたわけだが、そこで二つの問題が生じていく。一つは、前述のように陸と海との防衛構想の相違という問題、もう一つは自衛隊の力を補う組織の必要性という問題である。前者は第二章以降で詳しく述べることにしたい。後者については、「郷土防衛隊構想」が一部の政治家や官僚によって唱えられていた。たとえば鳩山内閣の砂田重政防衛庁長官は、「砂田構想」というものを記者に語り、そこに郷土防衛隊構想が含まれていた。官僚に諮ったわけでなく砂田自身の思い付きということだったが、創設された自衛隊では本土防衛の実力が不足しているという考えは砂田だけのものではなかった。

たとえば「防衛庁の天皇」と呼ばれた海原も国土防衛隊構想を持ち、多くの著作中で触れている。縦深性に欠ける一方で長大な海岸線を有する日本は、攻めやすく守りにくい。限られた兵員の自衛隊では当然限界がある。本土防衛に徹するならば、スイスのように全土を要塞化しなければならないがそれは現実的ではない。少なくとも国民に国を守る気概がなければ防衛は不可能である。こうした考えから生まれたのが国土防衛隊であった。もちろん、戦後平和主義が定着した日本では実現不可能であった。しかし海原は、後年になってもこの構想を主張し続けた。実際、こういう考えは専守防衛を論理的に詰めていった場合の一つの帰結でもある。

すなわち、専守防衛とは国土が戦場になるということでもある。本来、防衛戦略では、いかに敵に本土侵略をさせないかが前提となる。国土である「主権線」の外側に「緩衝地域」という意味での「利益線」を設けるという考え方は、そこから来ている。現在では、自国の外に利益線を設けることはできないが、国土に外敵を侵入させないことを第一に防衛政策が考えられていること自体は変わらない。しかし、日本の防衛政策では、本土が戦場になるわけである。本土の一部でも戦場になった場合、そこに住む住民はどのように守ればよいのだろうか。また、自衛隊はどのように活動するのだろうか。次章以降で改めて検討していきたい。

第二章
五五年体制下
――防衛論の分裂と高揚

治安出動訓練(西部方面隊管内、1969年、『防衛庁五十年史』より)

1 日米安保条約改定と自衛隊

†五五年体制成立の意味

一九五五年に、左右に分かれていた社会党が統一して統一社会党を結成し、それに対抗して保守政党である自由党と民主党が合同して自由民主党が成立した。いわゆる「五五年体制」の成立は、安全保障政策に関する保守と革新の対立軸を明確化した。単純化して言えば、日米安保体制に賛成か反対か、自衛隊を認めるか認めないか、といった対立である。保守勢力である自由党が憲法改正・再軍備反対であり、民主党が憲法改正・再軍備賛成であったように、革新勢力内部でも講和や再軍備に関してはさまざまな意見が存在しており、最初から反安保・再軍備反対に統一していたわけではなかった。講和・安保への評価をめぐって社会党が左右に分裂したように、占領期にはさまざまな議論が存在しえたのである。

しかしながら、そうした意見の相違は、保守と革新という大きな対立軸の中に埋没し、五五年体制の下では安全保障に関する根本的な考え方の相違から、建設的な議論が行われなくなっていく。つまり、日米安保体制の内容であるとか、自衛隊の運用といった議論を行おうとしても、革新勢力は後述の「戦後平和主義」の定着を背景に、そういった議論を行うと日米安保・自衛隊を容認することになるという理由で、同じ土俵に乗らないのである。野党・革新勢力からは、日米安保体制による「巻き込まれ論」や、防衛力整備に関する問題点、さらにはさまざまな「軍事的秘密」の暴露が、議会における戦術となっていく。社会党安保七人衆と言われた横路節雄《よこみちせつお》・松本七郎・飛鳥田《あすかた》一雄《いちお》・岡田春夫・石橋政嗣・黒田寿男《ひさお》・西村力弥らは、そうした国会審議における花形的存在となり、のちには上田哲・楢崎弥之助・大出俊《おおいでしゅん》といった「爆弾男」の異名を持つ政治家も、しばしば国会審議を止めて喝采を浴びることになる。安全保障政策をめぐる議会の役割は、今から見るときわめて問題と言ってよい状態であった。

†安保改定と基地問題

一九六〇年に改定された新安保条約は、旧安保条約が持っていた「片務的・非自主的」と言われた欠陥をかなり改善したことは間違いない。ただし、「基地と兵隊の交換」という日米安保体制の基本構造に手がつけられたわけではなかった。したがって五〇年代の反米運動の象徴たる在日米軍基地に関しては、新安保条約の締結後も急速な縮小・統合が見られたわけではなかったのである。むしろ、五七年の岸・アイゼンハワー会談後に地上軍の撤退があった後は、人員も基地数・面積もほぼ同規模で推移していた。すなわち、新安保条約の締結によって基地問題まで解消したわけではなかったのである。実際、在日米軍基地の縮小計画は米国の世界的な在外基地削減計画の一環として検討されており、米統合参謀本部では岸訪米前の段階ですでに縮小可能と判断していた。岸首相も、重光外相の安保改定失敗（五五年）を教訓に、米地上軍撤退という米国が受け入れ可能な範囲で基地問題への対処を行うと同時に、日米関係の不平等さの根幹にある日米安保条約を改定して、少しでも対等性を実現すべく交渉したわけである。

一方で、五八年二月から六〇年一月にかけて対日政策へのレビューを行った米国は、日本が自力で自国防衛もできないという前提で極東展開を行わねばならないと考えた。そして五年ぶりに採択された新対日政策文書であるNSC6008/1では、軍事的に見た場合の日本の重要性として、兵站《へいたん》能力と基地の存在を挙げていた。すなわち米国にとって日本における基地の存在は、新安保条約締結後も重要であり続けたわけである。こうして六〇年代に入っても、日米間の火種としての基地問題は依然として残されたままであった。

ただし岸政権崩壊後、反安保に結集したエネルギーは急速に消失し、岸の跡を襲った池田勇人《はやと》内閣の低姿勢方針もあって、基地反対運動はこの後しばらく沈静化していく。米国のケネディ新政権発足とエドウィン・ライシャワー大使着任という日米関係改善への動きもあり、五〇年代に激しく展開された反基地運動は、六〇年代前半には意外なほど鳴りを潜めたのである。

ちなみに六〇年代は、前述の米地上軍撤退による米軍基地縮小で米軍に起因する基地問題は減少したが、一方で米軍基地の自衛隊への移転問題、基地周辺の都市化の進行に伴う基地公害の発生が問題となっていく。六〇年代前半はちょうどその転換期にあたっていた。したがって基地問題の沈静化も長くは続かず、米原潜の寄港問題を皮切りに、ベトナム戦争の本格化によって再度米国の戦略への巻き込まれ論も高揚し、六〇年代後半は一転して、再度基地問題が日米間の重要な懸案となっていくことになる。

†自衛隊への影響

ここで安保改定と防衛政策、とくに自衛隊との関係を見ておきたい。岸が行った安保改定は、旧安保が持っていた不平等性を可能な限り日米対等にするべく行われた。その点については安保改定は成功したと評価できる。ただし、安保改定やその前の警察官職務執行法改正などに見られた岸の強引な政治手法、さらにかつて東条内閣の閣僚であり戦犯容疑者として拘留された経験などへの反感などから、安保騒動という、ナショナリズムの高揚を背景とした強い反発を生んでしまった。それが、その後の防衛政策や自衛隊のあり方にも影響を及ぼすことになった。

まず、政治と自衛隊の関係として挙げられるのが、自衛隊を使用することに関する問題である。安保改定後、アイゼンハワー大統領の訪日を予定していた岸首相は、安保反対運動の高揚を目にして同大統領訪日時の警備に不安を感じ、警察から警備に自信なしという回答を受けたことによって自衛隊の治安出動を防衛庁長官に要請したのである。自衛隊の出動については、岸首相をはじめ、佐藤栄作蔵相、池田勇人通産相、さらに川島正次郎《しょうじろう》自民党幹事長など、いわば政権の中心が出動に積極的であったと言われている。池田と佐藤は吉田茂の直系の政治家であり、岸の後に相次いで政権を担当し、吉田路線の定着に大きな力があった政治家である。それがこの安保騒動のときには、そろって自衛隊出動に積極的であった。

自衛隊創設に関する三党協議のときでも、吉田の自由党の考え方は、「直接侵略に対抗する軍隊」という性格が明確になることをなるべく避けて、間接侵略対処中心の保安隊の延長のような存在になることを考えていた。安保騒動の盛り上がりは、国際共産主義運動の支援を得た間接侵略に近いものだという認識が当時の警備当局には存在しており、こういった場合の治安出動に自衛隊を使用するということに関しては、佐藤や池田のような吉田直系の旧自由党系政治家も否定していなかったのである。

このような政治家側の自衛隊出動要請に対して、最後まで反対したのが防衛庁であった。当時の防衛庁長官であった赤城《あかぎ》宗徳《むねのり》の回想によれば、防衛庁側は文官も制服組も一致して反対していたという。一方で、当時の防衛局長であった加藤陽三の回想では、赤城長官も最初は出動やむなしという意見であったという。だとすれば、政治家側は自衛隊出動に肯定的であり、防衛庁の文官・制服がこれに反対したわけで、自衛隊出動に関して、政治家より防衛担当者のほうが慎重であったということになる。結局、自衛隊出動は行われず、アイゼンハワー来日は中止、岸内閣は新安保条約発効を待って総辞職ということになった。この後に自衛隊出動問題は、防衛庁側の抵抗によって何とか出動を回避しえたという成功談で語られることになる。つまり、自衛隊が出動しなくて良かったという評価が定着していくのである。安保騒動のような場面でも出動しなかった自衛隊を使うということについて、政治家はこれ以後、いっそう慎重な姿勢で臨むことになる。一方で、政治家の安易な決断を防いだ防衛官僚は、防衛政策の中心は自分たちであるという自信をいっそう深めていった。

†防衛構想の分裂

さて、安保騒動の影響は陸上自衛隊の防衛方針にも及んでいる。すでに安保騒動以前の段階から、五七年の岸・アイゼンハワー会談で米地上軍の撤退が決定されたことによって、基地反対運動の矛先が米軍から陸上自衛隊に移る傾向を見せていた。安保騒動のとき、陸上自衛隊の最高位である陸上幕僚長であった杉田一次《いちじ》によれば、当時の反安保運動に代表される反政府的活動や反基地運動、三池争議のような労働運動は、国際共産主義（ソ連や中国）の支援を受けたもので、当時はまさに「革命前夜」の様相を呈していると見られていたという。自らの基地や訓練場に対する反対運動に直面することによって、陸上自衛隊としても国内治安問題への関心が急速に高くなっていたのである。

しかも、安保改定の重要な項目として、旧安保にあった「内乱条項」が削除された。これは、「一又は二以上の外部の国による教唆又は干渉によつて引き起された日本国における大規模の内乱及び騒じようを鎮圧するため」米軍が使用されることを定めていたもので、いかにも植民地的であるとして批判されていたものである。これが廃棄されたということは、大規模な内乱や騒擾《そうじょう》は日本の責任において鎮圧せねばならないことになる。内乱という状況になれば警察力では対応できず、したがって自衛隊の国内治安に対する責任は安保改定によってきわめて重くなったわけである。実際、安保騒動に見られるように国内治安は悪化していると考えられており、陸上自衛隊は自らの重要な任務を国内治安・間接侵略対処に定めていった。陸上自衛隊の、こうした間接侵略対処・国内治安重視方針は、七〇年の安保延長問題をにらんで、六〇年代の陸上自衛隊の基本方針となる。

しかしその一方で、安保騒動で自衛隊使用が見送られた後は、実際の治安対策に自衛隊の出動が考慮されたことはなく、警察が治安対処の中心となっていく。最新装備と警察力の集中的使用を前提とする機動隊という各国の警察にはないような組織を拡充し、六〇年代の学生運動をはじめとするさまざまな問題に対処していくのである。

一方で海上自衛隊は、まったく違う方針であった。それが海上護衛問題や、対潜水艦作戦の重視に表れていた。海上自衛隊は、そもそもその成立に関して米海軍の強力な支援を得ていたように、米海軍との協力を自らの作戦行動の前提としていた。つまり、米海軍の補完的存在としての海上自衛隊という位置づけである。それを象徴するのが、対馬・津軽・宗谷という三海峡を封鎖してソ連潜水艦を太平洋方面に進出できないようにする作戦構想であった。潜水艦を中心とした海上補給線破壊作戦によって物資供給が遮断されたという太平洋戦争の教訓と、米海軍との協力という問題から、海上自衛隊は対潜作戦を自らの基本的任務と考えて部隊を育成していく。決して直接侵略事態における沿岸防御という方針が中心ではなかったのである。

以上のような陸上自衛隊と海上自衛隊の防衛方針の相違は、米軍との関係でも大きな違いを生んでいく。すなわち、陸上自衛隊のように、本土における間接侵略・治安対策を主眼にするのであれば、米軍との共同行動の可能性は少なくなる。さらに前述の治安対策だけでなく、米軍撤退に伴って北海道に重点配備した北方重視戦略も基本戦略になっていく。本土防衛では、米軍来援までの抵抗が陸自の基本的任務であった。一方で海上自衛隊は、最初から米海軍との共同を基本方針としていた。したがって海上自衛隊においては、米海軍との共同訓練も早くから、かなりの密度をもって実施しており、それゆえ米海軍と海上自衛隊は密接な関係を持っていくのである。

海上自衛隊のこうした考え方は、防衛政策策定の中心である内局、とくに海原らの受け入れるところではなかった。海原は、海上自衛隊が唱える海上護衛など不可能と断じており、海上自衛隊の任務は沿岸防御と近海護衛にとどまるものと考えていた。そのためには沿岸警備用の小型船舶、たとえばミサイル艇などを数多く整備すればよく、ヘリ空母などは無用ということになる。したがって、海原が内局の中心に座っている限り、海上自衛隊が期待する装備の充実には歯止めがかけられることになったのである。

2 戦後平和主義と自衛隊

†戦後平和主義の定着

ここで自衛隊を取り巻く社会状況の問題を考えておきたい。これは軍民関係と呼ぶべきものである。この問題を考えるにあたってまず見ておかねばならないのは、防衛問題に関する世論の動向である。敗戦後の日本は、言うまでもなく民主主義国家として再生した。民主主義体制の下で、一般国民の意見がどの程度、現実の政治に反映されているかというのはきわめて重要な課題である。多様な意見がある中で、少なくとも、政治家が多数意見を無視できない体制が成立したことは間違いない。そして戦後に形成された平和主義が、軍事に対し強い拒否反応を示した結果、防衛政策に関する具体的な議論がなかなかできなかったというのは、これまでの常識とも言える理解であろう。

たしかに、第二次大戦後の日本に強固な「戦後平和主義」とも言える思潮が成立し、それが軍事を含めた防衛政策を検討する際にさまざまな意味で強い影響を及ぼしたことは間違いない。しかし、戦後に行われた議論を詳細に検討すると、よく取り上げられる図式であり、五五年体制下で定着した「保守対革新」的な単純な対立ではなかった。さらに言えば、「戦後平和主義」なるものも戦後すぐに生まれてきたものではなかったのである。まず論壇を中心とした言論の世界を検討し、次に世論調査を中心に一般国民の意見を見ていくこととしたい。

敗戦後、『中央公論』『改造』といった雑誌が復刊され、岩波書店からは『世界』が刊行されるなど、雑誌製作のための紙にも不自由する状況の中で、総合雑誌が戦後の世論形成に大いに影響を与えていった。復刊後の『中央公論』と新規参入の『世界』を代表的な総合雑誌とすれば、敗戦直後の目次から読み取れることは、戦災によって荒廃した状況からの復興が第一の課題であった。占領下であることや、日々の食料にも事欠く状況からすれば、講和・独立後の日本の姿についての議論がすぐに深まっていくことは困難であったと考えられる。

さて、占領下においては、戦前の旧軍隊が行っていた謀略やさまざまな問題（「南京事件」などその後に論議を呼ぶ問題も含めて）が東京裁判で明るみに出たため、旧軍への反発・批判は強くなった。占領軍による検閲や宣伝も、そうした傾向を助長したと考えられる。「特攻」というきわめて特異な自殺攻撃や、東南アジアから太平洋の島嶼各地に広がった戦場を生き延び帰国した兵士たち、日本内地でも空襲やさらには原爆投下といった攻撃から逃げ延びた一般庶民など、多くの人々が戦前の軍国主義を批判して当然とも言える悲惨な体験をしていた。

一方で、新しい憲法への共感や占領改革で実施された「民主化」によって、労働運動が拡大するなど、社会主義勢力の拡大は著しかった。その一つの表れが、一九四七年の片山哲を首班とする社会党内閣の誕生であった。「二・一ゼネスト中止」や冷戦激化による占領政策の変化はあったものの、五〇年七月に総評が誕生するなど労働運動は着実に成長し、「保守対革新」という政治対立の基本構造は、講和問題が議論される時期にはすでに形成されていた。こうしたことが、講和問題に対する意見にも反映したのは間違いない。そして講和問題を機に、日本の論壇もさまざまなグループに分裂していくのである。

たとえば、戦後の平和論に大きな影響を与えた平和問題談話会は、原爆や水爆といった「超兵器」の出現によって、「戦争の破壊性が恐るべく巨大なものとなり、どんなに崇高な目的も、どのような重大な理由も、戦争による犠牲を正当化できなくなった」という認識から出発する。

そして「いまや戦争はまぎれもなく、地上における最大の悪となった」のであり、日本は米ソの対立に巻き込まれることなく中立を維持していかねばならないと述べている。そのための全面講和であり、日本に軍事基地を置くことに反対するという主張となっている。

以上の内容は、全面講和論の理論的支柱になったと言われている。さらに五一年九月に講和条約と同時に締結された日米安保条約とは正面から対立する考え方であり、この後の革新側政治勢力による安保条約批判の議論の基礎となった。重要な点は、こうした中立論が講和成立後も盛んに主張されていたことである。それは米国をして日米安保条約の改定に乗り出さざるを得なくするほど高揚したわけだが、日本の防衛政策及び自衛隊との関連で言えば、この議論がのちに社会党が強く主張する「非武装中立論」へとつながっていくのである。そして中立論の登場から「非武装中立論」までに共通して流れている考え方は、軍事に対する強い拒否感であった。

さて、平和問題談話会は五五名の知識人で組織されており、当初は安倍能成《よししげ》や蠟山《ろうやま》政道といった戦前から著名な知識人も入っていたが、彼らはやがて距離を置くようになる。そして丸山眞男や清水幾太《いくた》郎《ろう》、都留《つる》重人《しげと》といった、のちに「進歩的文化人」と呼ばれることになる、より若い世代が執筆者の中心になっていく。安倍や小泉信三といった戦前派のオールドリベラリストは、やがて『世界』で主張される議論に対する保守側からの強力な批判者になっていく。その大きな契機が講和問題をめぐる議論であった。『世界』に集《つど》った論者たちは前述のように、やがて中立論を積極的に展開していくことになり、中立論は五〇年代から六〇年代にかけて日本の平和論の具体的な形として提起されていくのである。

重要なのは、「進歩的文化人」と言われた人々の主張は、自らが共産主義を支持していると は言わなくても、「反共主義」に対して反対の立場をとっている場合が多いことである。冷戦期にそのような立場をとることは、社会主義陣営についての親和性を意味している。こうした「共産主義」あるいは現実の共産主義国家であるソ連や中国に対する認識というものが、「進歩的文化人」とそれ以外の知識人を分けていく分水嶺になっていたことは間違いない。敗戦からしばらくの間にあった「ソヴィエト政府のやりかたを何から何まで美化してソヴィエト国家を平和思想の化身のように主張する平和思想」(鶴見俊輔「解説 平和の思想」『戦後日本思想大系4』筑摩書房) は少なくなったとしても、ハンガリー動乱時でも軍事制圧したソ連ではなく自由を求めたハンガリーを問題視する議論が日本の知識人によって行われていた。六〇年代になっても日本では「マルクス主義の比重は依然として重く、漠然たる社会主義への信仰がかなり広い範囲に広がって」(本間長世『現代文明の条件』ダイヤモンド社) いたのである。

ところで、日本における平和主義の具体的な内容として中立論が高揚したわけだが、その内容の詳細まで多くの国民が理解していたか、また同調していたのかという点には疑問が残る。

すなわち、世論調査が示す内容と、「進歩的文化人」と言われた人々が論壇で行った議論は、必ずしも同じではないのである。また、全面講和反対を主張した勢力は、保守政治勢力に対抗した革新陣営内部にも存在しており、そこには社会党左派と右派の対立に象徴されるような主張内容の違いがあった。重要な点は、社会主義者と言われる人々の中でも、社会民主主義を主張する人々は中立論には反対であったことである。彼らはやがて「進歩的文化人」と安全保障政策で鋭く対立し、のちに「現実主義」と呼ばれる人々のグループに収斂していくことになる。

いずれにせよ、五〇年代から六〇年代にかけて、冷戦という国際情勢の中で日本では国会内でも論壇でも、盛んに中立論が主張されることになった。では国民世論は、どのような傾向を示していたのであろうか。

†「戦後平和主義」世論の形成

ここでは世論調査を中心に、占領期からの防衛問題に関する世論の動向を見ていきたい。平和主義との関係で見ていくべき事項は、「憲法改正問題」「再軍備問題」「戦争観」「日米安保条約の評価」「自衛隊への認識」といったものである。

まず「憲法」に関する意識から見ていこう。新憲法が草案段階で示されたとき、明治憲法と比較してその民主主義的内容や平和主義について新聞各紙は高く評価していた。毎日新聞が四

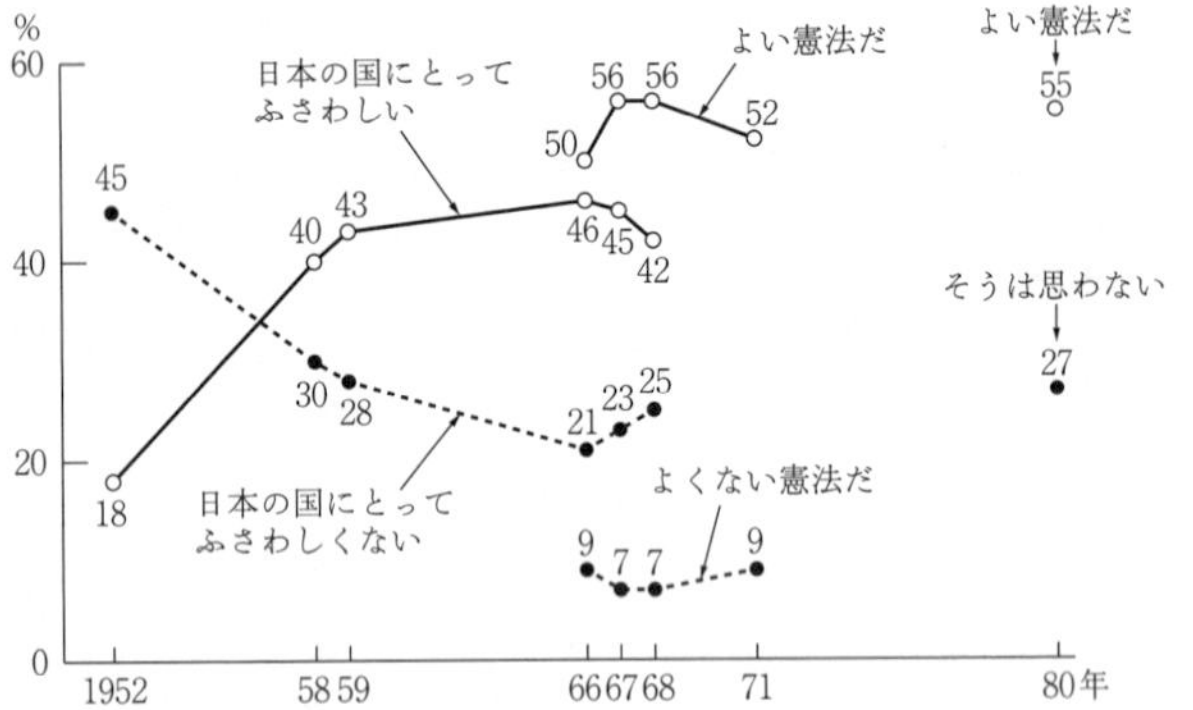

図4　憲法に対する全体的評価

（出典）NHK 放送世論調査所編『図説　戦後世論史　第二版』日本放送出版協会、1982 年

六年五月、全国二〇〇〇名の有識者に対して行った調査では、憲法九条の戦争放棄条項について、無条件に支持する者が五六%、修正は行うべきだが必要とする者が一四%で、合わせて七〇%が戦争放棄条項を必要と考えていた。ただし、これは有識者であって国民一般ではないことに注意が必要だろう。

時期は後になるが、講和後の五二年に総理府が行った調査（図4）では、戦後憲法が「日本の国にとってふさわしい」が一八%、「ふさわしくない」が四五%となっている。この数字はその後に逆転し、「ふさわしくない」は五八年に三〇%、五九年二八%、六六年二一%と低下していく。一方で「ふさわしい」は五八年四〇%、五九年四三%、六六年四六%と上昇する。講和・独立を果たし、「もはや戦後ではない」（『経済白書』五六年）という時期を迎えて、現行憲法が国民の間に定着していった状況が読み取れる。

一方で、軍隊の保有を禁じる憲法の平和主義との整合性が問われた「再軍備問題」に関しては、当初は多くの国民が再軍備支持の姿勢をとっていた。図5で見るように、警察予備隊ができた翌年に行われた調査では、再軍備賛成が七六％、反対が一二％であった。保安隊が発足し講和・独立を果たした五三年の調査では賛成四八％、反対三三％で、警察予備隊から保安隊設置まで、国民の支持の下で行われたことがわかる。

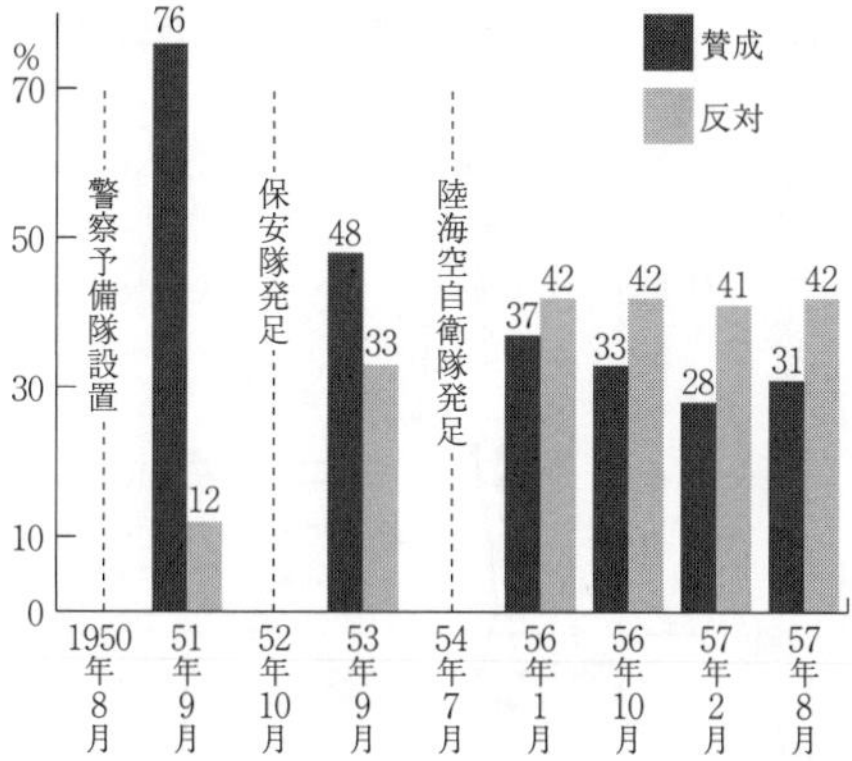

図５　再軍備に対する賛否

（出典）NHK 放送世論調査所編『図説　戦後世論史　第二版』日本放送出版協会、1982 年

自衛隊創設後は、再軍備賛成と反対が逆転していく。総理府の「自衛隊に関する世論調査」及び「防衛問題に関する世論調査」によれば、五六年には「自衛隊はあった方がよいと思いますか、ない方がよいと思いますか」という設問に、「あったほうがよい」が三二％、「あってもよい」が二六％、六三年調査では「あったほうがよい」が五二・四％、「あってもよい」が二三・八％と次第に自衛隊の存在を肯定する人が増加していることから、自衛隊の存在と「再軍備」を切り離し、自衛隊はよいが「軍隊」の保有は認められないとい

う気持ちの表れと考えられる。自衛隊の存在に対する肯定的評価は、年々増大していくのである（図6参照）。

平和主義との関係で顕著な変化が見られるのが「戦争観」である。現実に戦争が起こる可能性については、冷戦の状況が反映して五四年の調査では「戦争が起こる」が三五・二％で「戦争は起こらない」が二八・五％だった。五六年には前者が二六％で後者が三九％と逆転する。問題は、戦争についての認識である。「とにかく戦争はいけない」という絶対否定の立場と、

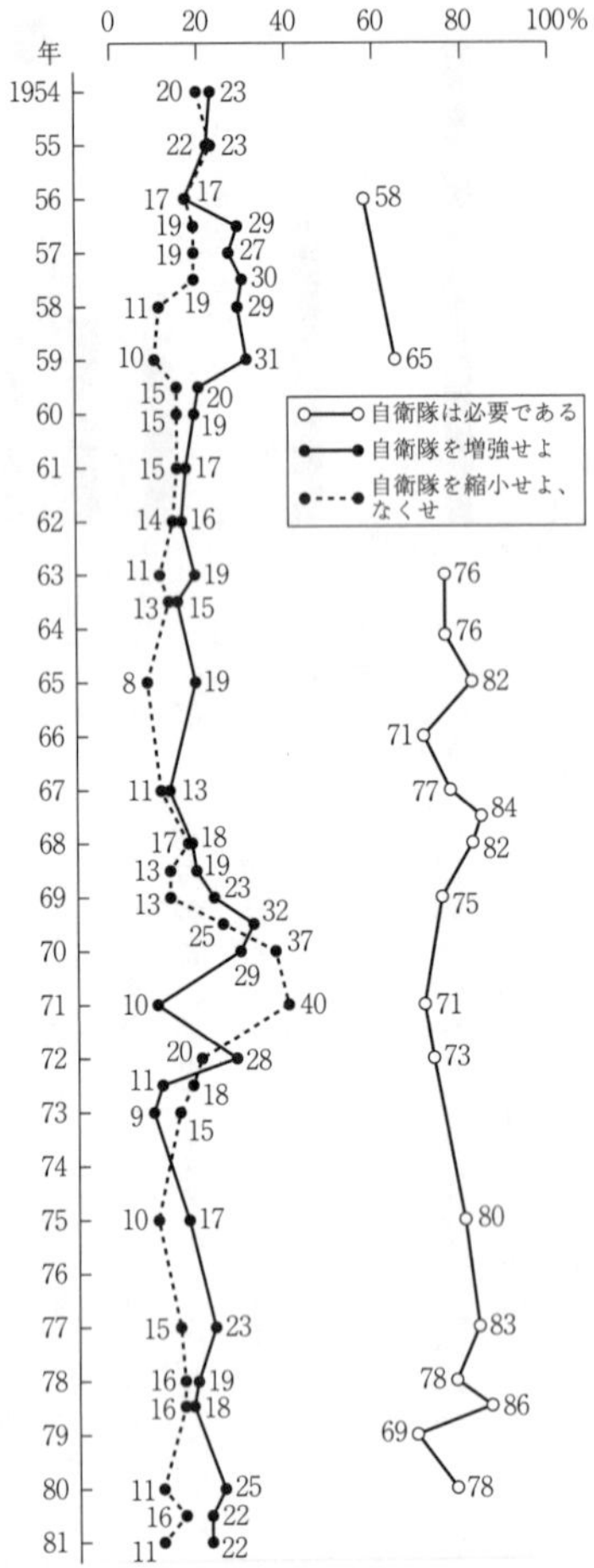

図6　自衛隊に対する態度
（出典）NHK放送世論調査所編『図説　戦後世論史　第二版』日本放送出版協会、1982年

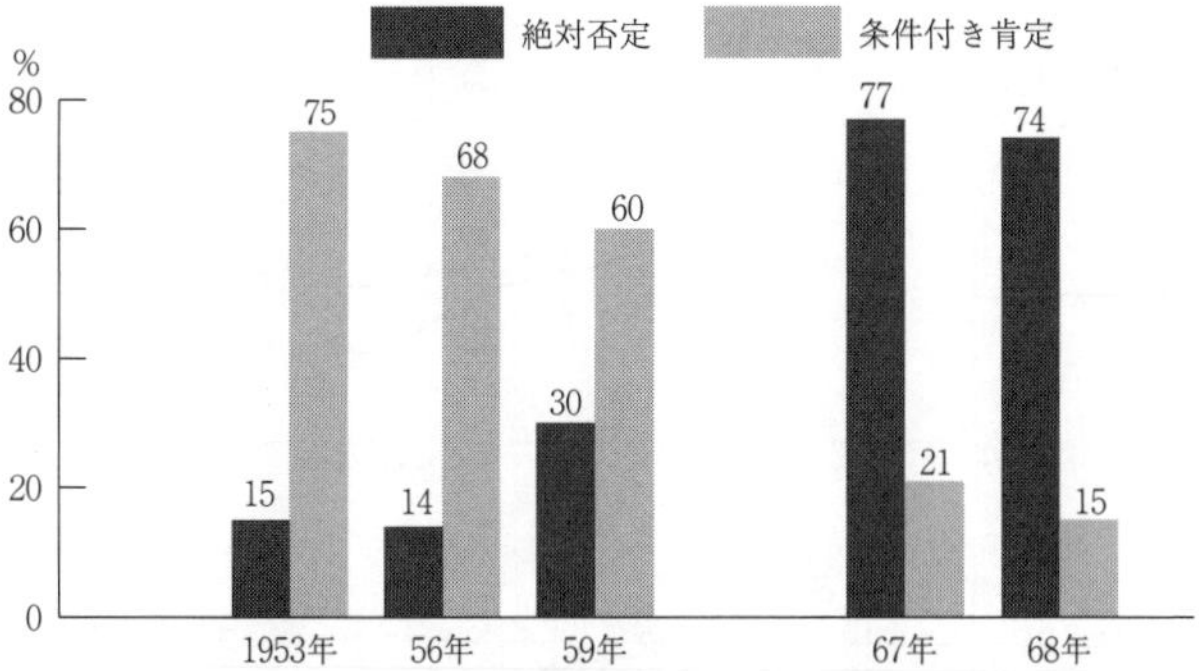

図７　戦争を否定するか肯定するか
（出典）NHK 放送世論調査所編『図説　戦後世論史　第二版』日本放送出版協会、1982 年

「平和のため、悪い国をやっつけるためにはやむをえない」という条件付き肯定を比較した場合、五三年には絶対否定が一五％だったのに対し、条件付き賛成派が七五％と圧倒していた。安保騒動直前の五九年でも絶対否定が三〇％で条件付き肯定が六〇％と倍の数字であった。それが六七年になると絶対否定が七七％、条件付き肯定が二一％と完全に逆転するのである（図7参照）。一九五〇年代から六〇年代にかけてのこの著しい変化はやはり、戦後世代が社会に占める割合の増加による影響と考えられる。

若い世代の意識という問題について考える場合、年齢の高い世代とのもっとも大きな差は教育であろう。憲法改正反対の若い世代について、一九六五年時点で二九歳であるとすれば終戦時は九歳で、敗戦後に始まった教育を受けてきた世代である。それより若い世代となれば、初等教育段階から戦後教育である。戦後憲

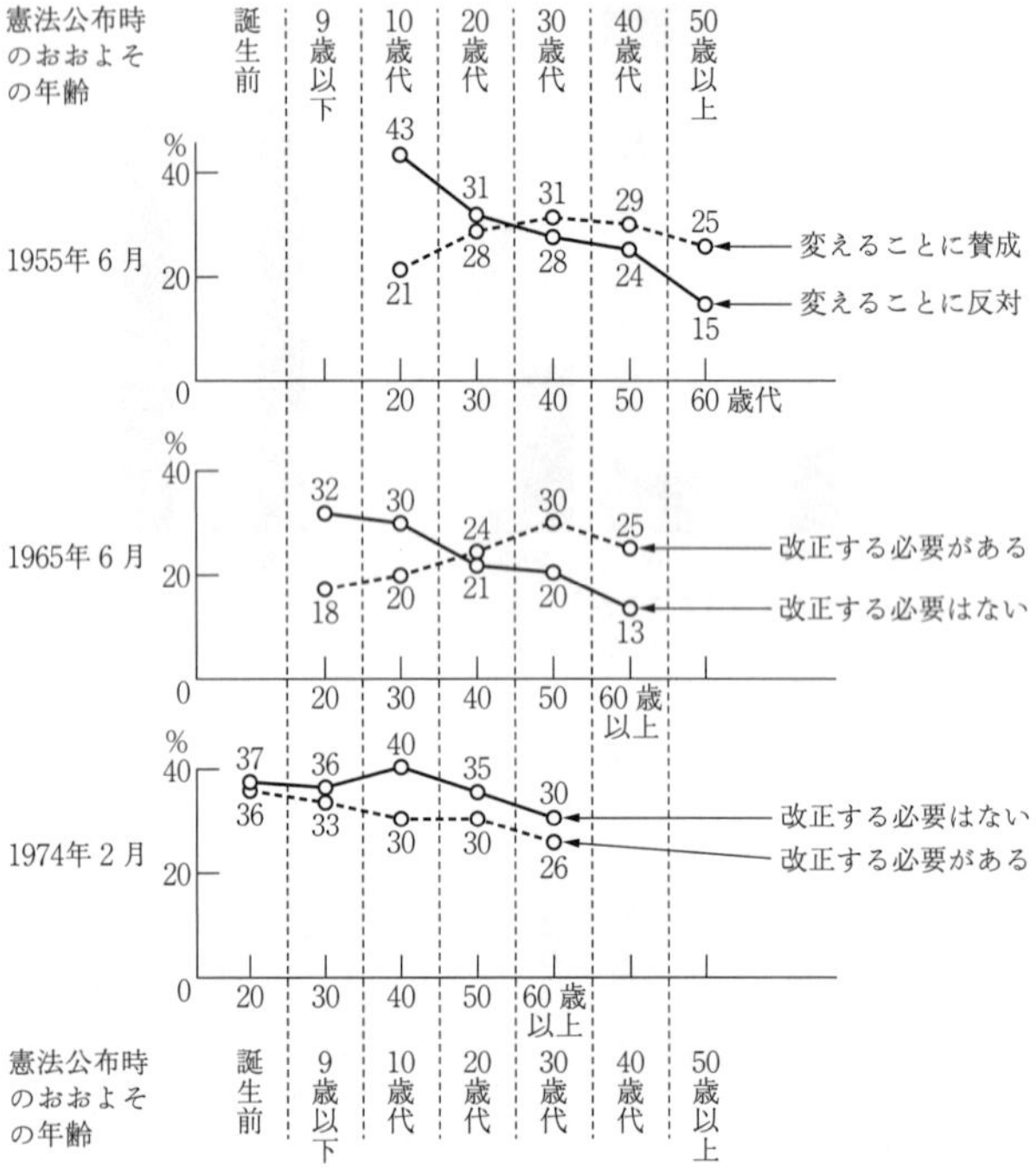

図8　憲法改正に関する世代・年齢別変化

（出典）NHK放送世論調査所編『図説　戦後世論史　第二版』日本放送出版協会、1982年

法の意義や「平和教育」が行われた世代が社会の中で占める割合が多くなるにしたがって、憲法が定着していき、戦争を絶対的に否定する意見が増大したと考えてよいであろう（図8）。戦前の教育を受けて育った世代は、軍事や戦争に対する考え方について、太平洋戦争によって影響を受けていたとしても若い世代に比べてそれは小さく、伝統的な見方を

継続していたと言える。また、戦後のGHQによる検閲や情報操作にしても、若い世代への影響が大きかったものと考えられる。

一方で、論壇で盛んに主張される「中立論」や「反・反共主義」的言説とは異なる傾向が、世論調査からは見て取れる(図9)。たとえば、「中立論」に関しては、安保騒動時の五九年の五〇%をピークに年々減少し、三割前後の支持しか集められなくなる一方で、「自由主義陣営」を志向する意見が強まっていく。しかも、「進歩的文化人」とは正反対に、共産主義陣営に対する親和性はきわめて低いまま推移している。この点で、多くの国民の意見と「進歩的文化人」の意見は大きく乖離していたわけである。

以上の点から見ても、六〇年代になると多くの国民が「非武装中立や社会主義を支持するわけではないが、さりとて戦前の暗い時代を思わせるような再軍備に取り組むため、無理に憲法を改正することもない」というメンタリティとなっていたことがわかる。「再軍備」ということに関しては、戦前の教育を受けた世代が社会で多い時代に警察予備隊から自衛隊に至る過程が実施されたために、比較的肯定的にそれが受け入れられた。そして自衛隊の存在は認めるが、憲法を改正しての本格的な軍備は支持しないという基本的なあり方が六〇年代に固定化していく。こういった傾向は、「現実主義」の論者の登場を支持する背景になっていたと考えられる。

「進歩的文化人」の言説は、ジャーナリズムやアカデミズムではその後も強い影響力を持って

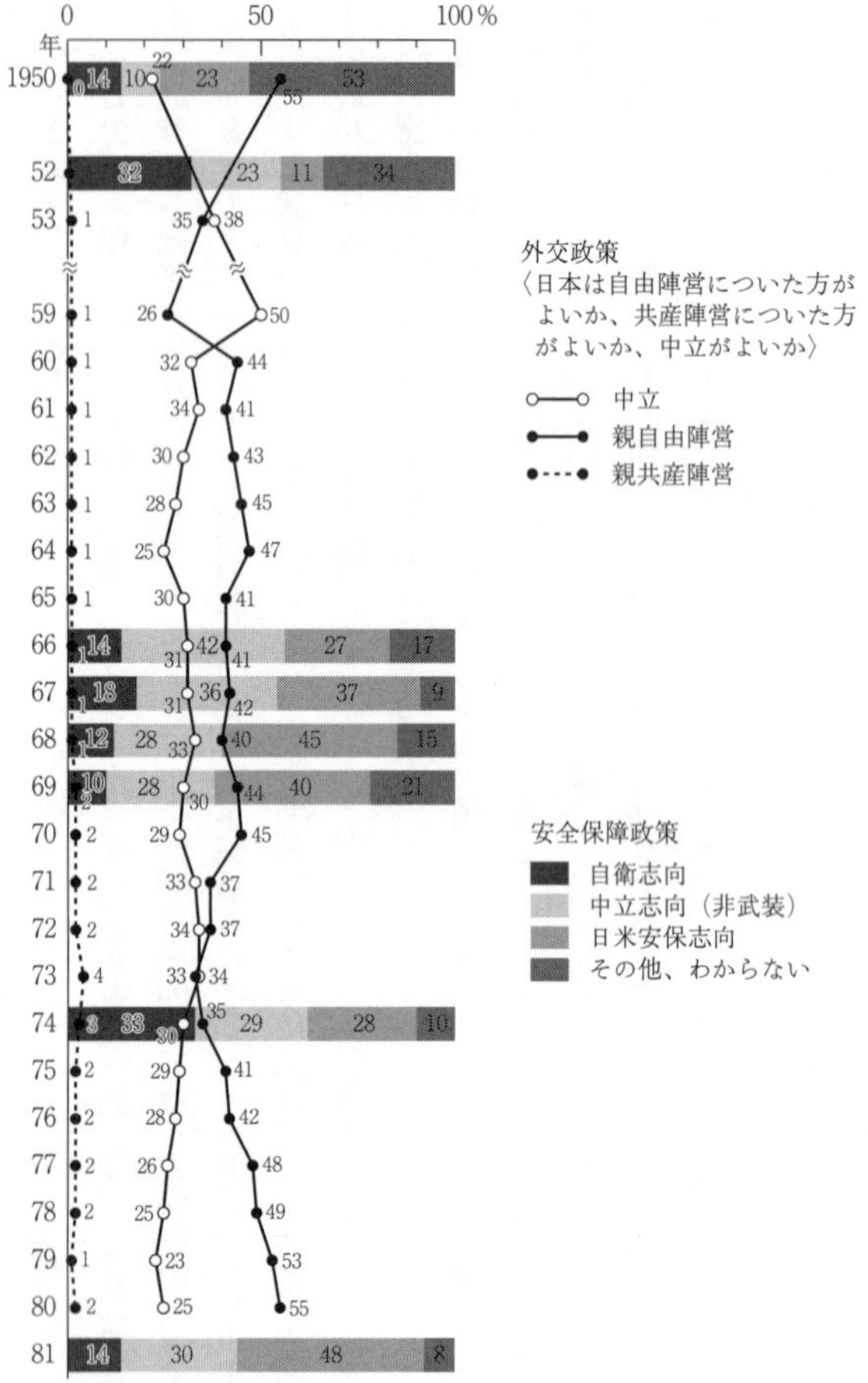

図９　安全保障政策と外交政策

（出典）NHK 放送世論調査所編『図説　戦後世論史　第二版』日本放送出版協会、1982 年

いたが、一般の多くの国民にはその意見は浸透せず、現実主義の論者の意見のほうが受け入れられていくのである。

ここで重要なのは、前述の若い世代の問題である。戦争絶対否定の増大も、戦後平和教育を受けた若い世代が増えていくことで説明できるが、こうした世代がより古い世代と交代し、三〇代から四〇代の社会の中堅になっていくのが高度経済成長期以降である。この人々の中から、この時期以降に活発化していく市民運動を推進するグループが現れ、全国に革新自治体ができていくときの支持層になっていったと考えられる。こうした革新自治体の多くが、自衛隊に対してきわめて厳しい態度をとっていく。「革新首長は「自衛隊は憲法違反だから市民ではない」として、自衛官とその家族の住民登録を拒否したり、成人となった自衛官を地方自治体主催の成人式に出席させなかった。また、地方自治法では地方自治体が国の各省庁から委託されて行う窓口業務が規定されているが、自衛官募集の窓口業務のみ行わないなど、各地で自衛隊は市民生活から締め出され」る事態となっていくのである（守屋武昌『日本防衛秘録』）。

†「現実主義」国際政治学者の登場

五〇年代の反米軍基地運動や中立論の高揚といった反米・反安保体制的風潮に対して、「リアリスト」「現実主義者」と呼ばれた人々は、中立論の非現実性と日米安保の効用を説き、「吉田路線」と言われた戦後の日本外交の基本方針の再評価を行い、七〇年代を経てやがて論壇の主流となり現実の安全保障問題へも関与していく。そして八〇年代の新冷戦の中で軍事力増強をめぐる議論が盛んに行われ、また冷戦後には実際に自衛隊が海外で活動し、日米協力が強化される中で、「吉田路線」とともに批判の対象にもなっていく。まさに、戦後日本における安全保障論の内容と展開の一面を象徴している存在でもある。そこで彼らの言説と具体的な政策展開との関連について検討していくことにしたい。

リアリスト・グループの代表的論者である永井陽之助は、「意思決定の基本単位が民族国家である国際社会において、効果的な「法の支配」を欠くことを認め、平和の十分な条件ではないにしても、必要条件として、主要国家の勢力均衡によってのみ、ダイナミックな国際秩序が維持される」という考え方に立っていると述べている。そして「紛争の限定化（限定戦争の肯定）、経験的な試行錯誤のつみかさねでルール（暫定協定）をつくり、秩序を動的に維持することが第一で、完全軍縮と法的機構の整備よりも、モラルと力を結合する外交と政治的かしこさが、「平和維持に最も必要な保障である」と主張している（『平和の代償』傍点原文）。今では多くの人が当たり前としているこうした考え方だが、中立論を展開する「理想主義」と言われる人々が論壇の主流をなしていた六〇年代にあっては驚きをもって迎えられた。国際政治における権力政治の側面を指摘し、日米安保体制の効用を主張するリアリスト・グループの登場で、政府・自民党も現実的な意見交換が可能な人々として注目したのである。また、吉田路線の再評価も、このグループの代表的論者である高坂正堯《こうさかまさたか》によって行われ、以後、吉田路線が戦後日本外交の基本方針として正しい選択であったという評価が広まっていく。

さて、リアリスト・グループの議論で忘れてはならないのが、当時の憲法九条、そして「軍備の必要という国家のあり方の基本問題をめぐる」国論の分裂を憂慮し、また、日米安保による「巻き込まれ論」や「対米追随論」の中で、日本の自主的な外交のあり方を模索した点である。たとえば高坂は「理想主義」の議論を「核兵器の問題を重要視するあまり、現代国際政治における多様な力の役割を理解していない」と批判する一方で、中立論が「外交における理念の重要性を強調し、それによって、価値の問題を国際政治に導入したこと」を評価する。「国家が追求すべき価値の問題を考慮しないならば、現実主義は現実追随主義に陥る」と指摘した上で、「日本が追求すべき価値が憲法第九条に規定された絶対平和のそれであることは疑いない」と述べ、「日本の外交は、たんに安全保障の獲得を目指すだけでなく、日本の価値を実現するような方法で、安全保障を獲得しなければならない」と主張したのである（『海洋国家日本の構想』中公クラシックス）。

以上のような考え方はリアリスト・グループにほぼ共通しており、憲法九条を前提としての防衛論、そして日本外交の基本構想が検討されている。たとえば永井は、日本がとるべき防衛政策として、「日本の防衛努力は、米国に安心感と信頼感を与え、しだいに安保体制から離脱してゆく前提条件であるし、自衛隊の存在理由の第一は、じつに、そこにある」と述べ、また「外交的努力で、米ソ中間の緊張緩和につとめ、その緩和のテンポに応じて、日米安保体制を、しだいに有事駐留の方向へ変えていくこと」を主張している。また、高坂も、海洋国家としての日本のあり方を論じる中で、「日本本土の米軍基地はすべて引き揚げてもらう」と述べて、「もの（基地）と人（兵隊）の協力」を基本的性格とする現行の安保体制の修正を主張している。

いずれも、現行憲法体制を前提として、吉田路線による経済中心の外交を基本とし、防衛力整備の必要性や日米安保の効用は認めるものの、軍事力の限界も同時に指摘するとともに、日米安保体制の修正を説いていた点が特徴であった。こうした議論の背景には、永井が「正直にいって、日本は、現在なお、半主権国家であり、国際社会における意思決定の完全な主体（独立国）とはなっていない」という認識に基づく日本の自主・自立の問題と、国民の間に現行憲法が定着しているということがあったと考えられる。

注目されるのは自衛隊と憲法九条の関係で、自衛隊の必要性を認める意見が六〇年代以降は七〇%を超えていく一方で、九条の改正には反対という意見も六〇年代〜七〇年代を通じて過半数に達している。自衛隊の存在と憲法九条が国民の間では定着していったということであろう。

さて、六〇年代末の全共闘による紛争や七〇年安保をめぐる対立を経て、七〇年代に入ると、かつての「進歩的文化人」と呼ばれた人々の影響力が大幅に減じていく。その一方でリアリスト・グループは、次第に論壇の主流になっていくのと同時に、実際の安全保障問題にも関与していくことになる。この点は、のちに改めて述べることにしたい。

3　年次防の時代

†「赤城構想」の挫折

さて、日米安保中心主義、財政面の重視を明確にした「国防の基本方針」と「一次防」の策定にあたって、岸首相自身はその内容には深く関与しなかった。先ほど述べたように、岸が「国防の基本方針」ならびに「第一次防衛力整備計画」を急いでまとめさせた主眼は、安保重視姿勢の明確化と自衛力増強の具体案提示によって米国の期待に応え、安保改定への足がかりを得るとともに、米地上軍撤退を実現して基地問題の大幅改善に導くことであった。そのため、訪米に間に合うように急いでまとめさせたわけである。しかし岸が米国に日本の防衛努力増大を約束したことが、二つの新たな問題を生み出すことになった。それが防衛庁の省昇格に代表される機構改革問題であり、もう一つが、一次防後の新たな防衛力整備計画の問題である。この二つはともに、防衛政策に関する「文官優位」のあり方に大きな影響を及ぼす可能性を有していた。

まず機構改革問題から見てみよう。これは防衛庁を省に昇格させるという問題と、防衛庁・自衛隊の内部的問題としては、統合幕僚会議の強化という問題があった。結論から先に言うと、防衛庁の省昇格も統幕機構の強化もどちらも実現しなかった。省昇格は自民党国防部会を中心に主張されていたが、警職法問題や安保騒動などから法案提出が先送りされ、岸内閣の後に経済重視でなるべく防衛問題に触れたくない池田内閣の出現で、昇格は見送られることになる。

一方の統幕強化は、制服組の希望に沿った形の案が考えられたものの、安保問題などで紛糾する政治情勢を配慮し、法案化は最小限にして訓令で対処する方針にしたことが裏目に出てしまう。法案提出自体、安保騒動後の混乱を避ける思惑もあって遅くなったため、法案化にかかわった人が関係部局から異動になってしまったのである。これで訓令化は実質的に不可能となり、法案もそれを補足する訓令が未制定のため実施不能となった。この段階での統幕強化は結局実現しなかったのである。

次が長期計画の問題である。一次防は五八年度に始まり六〇年度に終了する三ヵ年計画である。したがって六一年度からの長期計画が策定される必要があり、六一年度からの実施ということは六〇年度には計画が決まっていなければならなかった。そこでまとめられたのが、赤城宗徳長官の下で五九年七月に構想が発表されたので「赤城構想」と呼ばれる長期計画であった。

これは防衛力整備の優先順位を空・海・陸にするなど、陸重視の一次防から大きく方針を転換したものであった。ただ、完成年度の六五年度の国民所得を一三兆一四〇億円とし、その二ないし二・五％の二九〇〇億円程度に防衛費の目標を置いているなど、大蔵省などからすると予算編成上難しいと異論が出されていた。さらに自民党内部からも、日米安保改定調印前に二次防を決定することに対して慎重論が出され、五九年中の決定ができなかった。そこで大蔵省の批判も容れて予算規模を縮小し、六〇年に入って決定が急がれたのだが、結局正式決定されることはなかった。その一番大きな原因は、身内の反対であった。すなわち、外務省に出向し、ワシントンの大使館で勤務していた海原が防衛局に戻った後、「赤城構想」は財政的実現性が乏しく、しかもヘリ空母のような不要な装備に重点を置いていて整備方針の内容にも問題があるという反対運動を展開し、再検討に持ち込んだのである。

海原が言うように、「赤城構想」は所要経費の見積りの不備をはじめとして再検討を要する問題を抱えていた。しかし、海原が徹底して「赤城構想」に反対した理由は、実はこの構想が、制服組の意見をかなり取り入れて作成された点にあったと思われる。実はこの構想は冒頭で、

「日本の防衛力は、自衛のための防衛力であるから、戦略守勢作戦の範囲内で考えるべきである。従って、戦略攻勢面は、米軍に依存する。しかし、米軍の支援が状況に応じて浮動する可能性を考慮し、また、わが作戦遂行上の自主性を保持するためには、相当大規模な武力侵攻に対しても、少くとも初期の作戦を、独力で遂行できる能力を整えることが必要である。大規模な武力侵略以外の武力侵略、および間接侵略に対しては、おおむね独力でこれに対処できるよう整備する」(傍点引用者) としていた。これは、かつて封じ込めたはずの日本の自主性をかなり高度に認めた考え方であった。これを認めれば、制服組の権限が拡大する道を開くのは明らかであった。海原はこの点に注目して強烈な反対を展開したものと考えられるのである。

結局「赤城構想」は全面的再検討に追い込まれた。そして防衛局長に就任した海原の下で二次防が策定されることになる。こうして、機構改革の面でも、長期計画の面でも、制服組の権限が拡大される道は再び塞がれてしまうのである。

†二次防の内容とその意味

それでは二次防はどのようにして決定され、どんな内容だったのだろうか。二次防審議で重要な検討項目となったのは、陸上自衛隊の一三個師団改編及び一八万人体制整備問題と、海上自衛隊のヘリ空母建造問題であった。結論的に述べると、陸自の改編・整備は決定され、ヘリ空母はボツになった。池田内閣の高度経済成長路線実現のため、財政的視点から、より経費がかかる海自の案は却下されたのである。

二次防の内容と政治的意味を次に見ておこう。まず内容の問題からすると、いくつかの大きな特徴があった。

第一は、国防の基本方針を前提に据えて、日米安保中心主義を明確にしている点である。「赤城構想」にあった日米安保不完全論を前提とする自主防衛論は排除され、日本防衛は基本的に米国に依存することになった。すなわち日本防衛の主役は米国であることが確認されたのである。

特徴の第二は防衛力整備の考え方の問題である。今述べたように、日米安保中心主義を明確化し制服組の自主性を抑え込むことには成功したが、しかし防衛庁内局としても、自衛隊の存在意義自体を否定することは無論できない。制服組の自主性を抑えるということと、自衛隊の存在意義を明らかにすることの両者を満足させるためにはどうすればよいか。それが日本の防衛目標として書かれた「日米安全保障体制の下に、在来型兵器の使用による局地戦以下の侵略に対し、有効に対処しうる防衛体制の基盤を確立する」という文言であった。すなわち、自衛隊の役割はきわめて限定された条件を想定して、それに対処することのみになったのである。

この方針の下、二次防は一次防で創設した戦力の内容充実と古くなった装備の更新を中心とした整備計画となった。

第三は、整備計画の重点の問題である。自民党国防部会が強く求めたヘリコプター空母建造は却下され、一方で、二次防に組み込まない形で、陸上自衛隊の一三個師団改編問題は実現した。つまり、現実には陸に比重をおいて防衛力整備が行われたことを示している。防衛庁は、「赤城構想」以来の海空重視方針を実質上否定したわけである。

こうして赤城構想が再検討に追い込まれたことで、制服組が防衛政策立案に主体的に関与することは排除された。さらに二次防で自民党国防部会の要求を排除したことで、防衛政策を立案するにあたって防衛庁内局の位置は強固なものになったと言ってよい。

ただ、ここで問題なのは、日本防衛をほぼ全面的に米国に依存することになったため、日本が主体的に防衛構想を策定する余地がきわめて限定されたことである。日本防衛の米国依存は、自衛隊の存在意義を問うことになり、それを示すために「日米安全保障体制の下に、在来型兵器の使用による局地戦以下の侵略に対し、有効に対処しうる防衛体制の基盤を確立する」という文言が織り込まれた。それは防衛庁自体にとっても、その文言に見合った限られた仕事が中心となったことを意味していた。すなわち、日本防衛自体は米国に依存しているわけであるから、「在来型兵器の使用による局地戦以下の侵略に」対抗するための自衛隊という組織を、いかに管理していくかが中心にならざるを得なくなるのである。防衛庁内局が「文官優位システム」を強固にしていった過程が、防衛庁を政策官庁ではなく、自衛隊という実力部隊をいかに管理運営するかという管理官庁化を促進したという皮肉な結果に至ったことになる。

そこで内局としては、自衛隊という存在を国民の中にいかに定着させるかということに精力を注いでいく。たとえば、二次防には「国土、国民に密着した防衛力とするため、災害救援、公共事業への協力等民生協力面の施策及び騒音防止対策を重視するものとする」という一次防にはなかった項目が加えられている。災害救援活動などは自衛隊法にも規定された自衛隊の任務の一つであって、この項目が明記される以前から行われていたが、二次防という長期計画にわざわざ書きこまれたことは、これが自衛隊の任務でもとくに重視されたことを意味する。災害救援に出動する自衛隊の姿や、折からのオリンピックでの協力や国民の関心が高い南極観測活動への支援協力など、防衛問題とは違う側面から国民が自衛隊を目にする機会が増えた。これは、自衛隊を国民の間に定着させていくには効果的な方法であった。

六〇年七月には、「防衛庁の広報活動に関する訓令」がすでに定められており、防衛庁の広報活動が活発化するのもこの頃である。「自衛隊はつねに国民とともに存在する。(略) 自衛官は、有事においてはもちろん平時においても、つねに国民の心を自己の心とし、一身の利害を越えて公につくすことに誇りをもたなければならない」といった、民主主義国家日本における自衛官のあるべき姿を説いた「自衛官の心がまえ」が発表されたのも六一年六月二八日で、まさに二次防が決定される頃であった。国民とともに歩む自衛隊という姿を明確にし、定着させていきたいという防衛庁の期待がよく表れている。このほかにも、「科学の驚異」といったPR映画が封切られるなど（六七年）、防衛庁の広報活動は、自衛隊に対する管理と並んで重要な仕事になっている。このような活動によって、六〇年代に自衛隊は国民の間に定着していったのである。

†自民党国防族と「自主防衛論」

ところで、日本で二次防が審議されていた六〇年一一月一六日、米国で日本の防衛問題にも関係する重要な決定が行われていた。ドル防衛策である。クリスティアン・ハーター国務長官はリドル・バーガー国際協力局（ICA）長官に、日、独、仏、英などを含む一九カ国に関係する海外物資調達計画の変更を内容とする覚書を手交した。ICA資金による海外調達額は日本がもっとも多く、五九年七月から六〇年六月までの一年間で一億一五八〇万ドルに達していた。これが大幅に減額されることになったのである。一次防だけでなく二次防でも米国からの援助を期待していた日本にとって、これは大きな衝撃であった。

こうした状況に危機感を高めていたのが、朝鮮戦争を契機に育ち始めた防衛産業と、自民党国防関係議員であった。しかも米国内では、戦後復興という段階を抜けて高い経済成長を示している日本が、米ソの厳しい冷戦の中で防衛力整備について自助努力をしない姿勢について批判が出ていた。たとえばフランク・チャーチ上院議員は六三年四月の上院本会議で「もしわれわれが、日本政府を怒らせるという不安のために、日本の維持する名目的な防衛軍への補助を停止する手腕をふるうことさえもできないとすれば、神はアメリカ合衆国をあわれみたもうであろう！」と日本への軍事援助の停止を訴え、上院外交委員会でもそれが満場一致で賛成されていた。防衛産業や国防関係議員は、二次防の審議に表れた池田内閣の防衛問題に関する消極的な取り組みに危機感をいっそう募らせ、批判を展開することになるのである。

さて、当時の自民党国防関係議員の中心は、元海軍中将で海上自衛隊の創設にも深く関与した保科善四郎と、防衛庁長官を務めたこともある船田中《ふなだなか》が中心的存在であった。このほかにも、防衛庁長官経験者を中心にいわゆる「国防族」が構成されていたが、防衛問題への関与の深さや活動の積極性という点から見た場合、保科と船田がやはり中心であった。この二人に共通する特徴は、防衛政策の基本的方針が「海上防衛論重視」であり、しかも日米安保中心主義の立場をとっていたことである。これは、自主防衛力整備による基地問題解決を考えた五〇年代の自主防衛論者やその流れをひく中曽根らの考え方とは異なっていた。したがって防衛力増強には積極的ではあっても、日米安保体制に影響するような基地撤退論であるとか安保改定論には強く反発していた。

また保科や船田らの特徴として、防衛産業との強い結びつきが挙げられる。保科は旧海軍時代、軍備計画を担当する兵備局長を務め、その関係で後に経団連会長になる石川一郎と懇意になっている。保科の政界入りにも石川の協力があったということであり、経団連が防衛産業育成のために作った「防衛生産委員会」にもその創設時から関与していた。そして自民党衆議院議員となったのちは国防部会を中心に活動し、自民党と防衛産業、さらに防衛庁をはじめとした関係機関とのパイプ役として活動するのである。船田は、経済界側から前述の防衛生産委員会の世話役として活動した植村甲午郎《こうごろう》と学生時代以来の友人であり、その関係から防衛生産問題に関心を示していた。

以上のように、防衛政策としての海上防衛論重視・日米安保中心主義と防衛産業との深い結びつきを特徴とする国防関係議員は、前述のように防衛問題に消極的な池田内閣を強く批判するとともに、米国からの援助がなくなることによる防衛産業への打撃を緩和するために、防衛装備の国産化を積極的に推進していく。そしてこの防衛装備国産化ということが、二次防から三次防の時期における自主防衛論の具体的内容として主張されるのである。

つまり、五〇年代に主張されていた自主防衛論は、防衛力増強により基地問題の解消を目指していたものであったが、それは基地問題という日米安保体制の根幹に触れる内容であって安保体制自体に影響を及ぼしかねない主張であった。安保中心主義をとる保科や船田といった国防族からすればそれは避けるべきであった。しかし依然として基地問題は存続し、対米従属という批判は野党などからも繰り返し行われていた。再び安保騒動のような、ナショナリズムを刺激した反政府運動が起こらないようにするためには、対米従属という批判を回避しなければならない。それには日本の自主性を示す必要があり、自主防衛を積極的に説く必要があったのである。基地問題に触れない自主防衛論、それが「装備国産化」であった。

さて、こうして二次防から三次防の時期においては国会の中で、自主防衛＝装備国産化という説明で議論が行われた。ただしこのことがいくつかの問題を生じていく。その最大のものが政治と防衛装備採用問題の結びつきである。高度な電子装備や最新戦闘機をはじめ、防衛装備には高額なものが多く、その多くを米国から導入している日本においては、次期主力戦闘機（FX）導入問題などでは商社を巻き込んだ詳細不明の商戦が展開され、巨額の金銭が動いたと言われている。そしてこうした問題の背後で、国防族を中心とした政治家が活動していたと言われているのである。

すなわち自衛隊草創期から成長期にかけてのこの時期では、防衛問題に積極的に関係した政治家は、防衛政策の具体的内容や実施は防衛庁に任せて、主として防衛装備問題に関心を向けていた傾向が強い。巨額の費用がかかる防衛生産問題に政治家は関与しようとし、新設の役所がそういった問題で混乱するのを恐れた防衛庁内局はその防波堤になろうとした。そしてある場合にはそれは成功し、またある場合には防衛官僚も巻き込まれていく。安保騒動を経て、防衛問題自体がタブーとなっていく中で、野党政治家は自衛隊の存在そのものを批判し、与党の中で防衛問題に関心がある数少ない政治家も、政策より防衛生産に目を向ける。そういう図式が六〇年代半ばには成立していくのである。

†三次防の決定とその意味

二次防が終了した後の六七年度から七一年度までの五ヵ年計画として策定されたのが第三次防衛力整備計画（三次防）である。二次防を策定した池田内閣から、池田内閣の防衛問題への消極的姿勢を批判していた佐藤栄作の内閣へと代わっていたが、三次防の内容は実質的には二次防の延長という性格が強かった。佐藤自身、大幅な防衛費増額などは望んでおらず、二次防の基本方針を踏襲するという姿勢であった。実際その審議過程の特徴は、防衛政策の基本問題を審議するというより、二次防以上に予算枠をめぐる議論に終始していた。ただしこのことにはいくつかの背景がある。

第一に、安保騒動の混乱を経て誕生した池田内閣の低姿勢・経済重視政策の時代に、防衛問題に関する議論自体がタブー化されていったことである。世論調査によると、三次防が決定された六七年で「どんなことがあっても戦争すべきでない」という絶対平和主義が七七％に達していたのは前述のとおりである。戦争やそれを遂行する軍隊の存在自体を罪悪視する傾向が顕著になってきたわけで、それを象徴するのが、六五年の「三矢《みつや》研究」事件であった。「三矢研究」とは自衛隊内部で内局官僚も参加し、第二次朝鮮戦争が勃発したという想定の下、その日本への影響や対応を憲法停止という事態まで含めて研究したものであった。その内容を知った社会党議員が国会でこれを取り上げて追及し、佐藤首相も最初これをシビリアン・コントロールを逸脱しているといって批判したことが混乱に拍車をかけた。しばらくは国会もマスコミも「三矢研究」への批判一色となり、防衛庁はこの問題の対処に追われることになったのである。

しかし本来、直接侵略への対処を主要任務とする自衛隊が、有事を想定した研究を行うことは当然のことである。逆に、有事にどのように対応すればよいか事前の研究もしていなければ職務怠慢であろう。しかし当時はその当然のことが批判されたのである。有事を想定した研究は、実際に有事にすることを計画しているという論理であった。さすがに最近ではこういった論理を主張するものは少なくなっているが、六〇年代はこの論理が大手を振ってまかり通っていた時代であった。こういった時代状況の中では、本格的な防衛論議が行いにくかったことはたしかである。

それだけではなく、自衛隊の能力にも大きな制限が加えられた。たとえば、敵地攻撃を可能にすると考えられるものは極力、抑えられたのである。空中給油など長距離飛行を可能にするもの、長射程のミサイルの配備は不可とされ、ファントムから爆撃照準装置が外された。専守防衛であるから日本の中だけで自衛隊は行動すべきものとして、さまざまな配慮が行われたのである。

さて、それでは決定された三次防の内容であるが、二次防の延長という性格が強い一方で、二次防とは異なる内容も持っていた。それが海上防衛力重視ということと、装備国産化推進の方針であった。前者は、六六年一一月二四日に国防会議及び閣議で決定された三次防の大綱に、海上防衛力重視の方針が明確に織り込まれていた。実際、三次防全体で見た場合、総経費に占める陸海空三自衛隊の割合が、二次防での陸：四三・四％、海：二三・一％、空：三〇・八％であったのが、三次防では陸：四一・二％、海：二四・五％、空：二四・五％と、海上自衛隊のみ増加しており、経費増加率でも陸：一・七倍、海：一・九倍、空：一・四倍と、海上自衛隊に対する重視の姿勢は明確であった。

後者は、前述の国防族だけでなく佐藤首相自身もこの問題に強い関心を示しており、三次防の一般方針の中に、「技術研究開発を推進し、装備の近代化および国内技術水準の向上に寄与するとともに、装備の適切な国産を行ない、防衛基盤の培養に資するものとする」という文言として織り込まれることになった。これによって三次防以後、防衛装備の国産化は急速に進展するのである。

以上のように、二次防の延長として策定されたはずが、それと異なる内容を盛り込むことになった背景には、防衛庁内部の変化の影響が考えられる。すなわち、防衛庁創設期から幹部であった第一世代の退出と、草創期には若手として活躍した世代の台頭である。それを象徴するのが、「海原天皇」とまで言われた海原治の国防会議転出である。防衛庁草創期を支え内局を代表する官僚であった海原は、自民党内の派閥対立の影響も受け、次官就任確実と言われながらも官房長を最後に防衛庁を去る。

海原の失脚自体は政治による干渉であるが、しかしその頃には、制服組の台頭を抑えることに精力を注ぎ、文官優位体制を当然と考えた海原らの世代と異なり、自衛隊管理官庁という立場に飽き足らず、防衛庁の政策官庁化を目指そうとする世代が育っていた。この世代は、軍事技術者としての制服組に対してより積極的な評価を行いつつ三次防までの長期計画が抱える問題性を認識し、自衛隊の意義・役割を再検討する必要性を認識していた。そして七〇年代には、まさにそういった世代が中心となっていくのである。

4 「中曽根構想」と自主防衛論

†「自主防衛論」の高揚

三次防が策定・検討された六〇年代中期から後半にかけての時期は、日本で再び「自主」をめぐる議論が活性化した時期でもあった。自主防衛や自主外交という言葉が、この時期以降七〇年代に入っても、総合雑誌などの主要なテーマとなり続けたのである。こうした「自主」をめぐる議論が再高揚した背景にはベトナム戦争の激化、基地公害と言われる新たな基地問題の発生、七〇年の安保延長問題などがあった。

最初のベトナム戦争の問題は、六四年八月のトンキン湾事件をきっかけに、六五年から米軍が本格介入したことによって日本国内でもベトナム戦争反対運動や巻き込まれ論などが、基地問題など他の問題も関係して盛んに議論されるようになったことである。世論調査ではベトナム戦争への関心は六〇年代を通して七〇%を超えており、日本が戦争に巻き込まれる可能性があるという回答は、戦争が激化した六五年に前年の一八%から四三%に上昇し、六七年には五〇％に達していた。ただし、日米安保への支持自体は常時三割を超えており、国民多数がすぐに安保反対に結びつくわけではなかったが、ベトナム戦争をめぐる日本の姿勢が問われていたのもたしかである。

これが次の基地問題とも関連していた。六〇年代の基地問題は、騒音問題をはじめとして基地周辺住民に被害を及ぼす基地公害という形のものが多数であった。日本本土の基地の多数が神奈川県など人口が多い地区に展開されており、そのため基地問題がクローズアップされやすい状態になっていたのである。そこに加えて、六〇年代中期から本格化した原子力潜水艦寄港問題やこれによる放射能漏れ事故問題、原子力空母寄港問題や米軍機墜落事件など、米軍関連の事件がこの時期に多発し、それが安保反対運動などのきっかけともなったこともたしかである。

最後の七〇年の安保延長問題は、七〇年に期限を迎える安保条約をどうするのかということで、期限をつけて（たとえばまた一〇年）固定延長にするか、条文にあるような自動延長方式にするか、あるいは野党などは安保改定や廃棄を唱えていたため、安保体制自体をどうするかという議論であった。

以上のようなことが関連しあって再び日本のナショナリズムを刺激し、「自主」をめぐる議論を活性化させていたわけである。三次防が審議・決定されていくまさにこの時期、自民党をはじめ社会党・公明党・民社党・共産党の各政党がこぞって自らの安保政策や日米安保体制への立場を明確にした政策を発表していったのは、こうした背景によるのである。

当時の佐藤政権にとってさらに問題を複雑にしたのが沖縄返還問題とグアム・ドクトリンであった。沖縄返還を政権の最重要課題と位置づけていた佐藤首相にすれば、返還を実現するためには米国の同意を得なければならない。ベトナム戦争で沖縄の米軍基地が使用されている状況の中で返還を可能にするには、可能な限り米国の要求も受け入れて「同盟国」(当時は同盟という言葉は使用されなかったが)にふさわしい信頼関係を構築する必要があった。

そして六九年に大統領に就任したリチャード・ニクソンによって出されたのが「グアム・ドクトリン」であった。これはアジアに対する米国の必要以上の介入をとりやめ、国力のある国に対して自らの国の防衛は自分で責任を持つべきことを説いたものである。沖縄返還について基本的な合意に達し、返還の予定を決めるべき時期に至った日本としても、今後自国の防衛には自らが主たる責任を持つことを迫られたのである。

こうして佐藤政権の下、「自らの国を守る気概」が必要であるという自主防衛の主張が積極的に行われるようになる。そしてこのときに唱えられた自主防衛論の内容が、「国の防衛は自主が主で日米安保はそれを補う従の存在である」という「日米安保補完論」であった。

†中曽根と自主防衛論

さて、六九年頃から盛んに主張されるようになった「安保補完論」だが、日米安保で自主防衛を補完するといっても具体的内容は明確ではなかった。自衛隊は何ができて何ができないか、日米安保が補完するという場合の米軍の協力とはどういったことなのか、具体的な検討が行われた上で「安保補完論」が主張されていたわけではないのである。こうした時期に防衛庁長官に就任したのが中曽根康弘であった（七〇年一月就任）。

中曽根は、かつて再軍備を強く主張した芦田の所属した改進党に籍を置き、早い時期から積極的に自主防衛論を主張していたことで知られていた。防衛庁長官も自ら望んで就任したと言われており、自主防衛論の高まりの中で中曽根がどのような防衛政策を展開していくのか注目を集めた。そして実際に、中曽根は積極的に自主防衛論を主張し、自らの防衛政策を反映した「中曽根構想」というポスト三次防の長期計画を打ち出していくことになる。

中曽根は年来暖めてきた構想を防衛庁長官就任後にまとめて「自主防衛五原則」として発表した。その内容は、①憲法を守り国土防衛に徹する、②外交と防衛は一体であり、諸国策と調和を保つ、③文民統制を全うする、④非核三原則を維持する、⑤日米安全保障体制をもって補充する、ということであった。そのほか専守防衛論や非核中級国家という考え方など、全体としては勢力均衡論に立った、近年の言い方を使えば西欧並みの「普通の国」を目指したものと言えるだろう。では中曽根が言う「自主」の特徴とは何か。

それは六〇年代の自民党国防族を中心とした装備国産化＝自主防衛ということではなく、ナショナリズムの問題をきわめて重視していた点であった。それを象徴しているのが基地問題への取り組みである。すでに五〇年代から中曽根は一部を残して米軍基地は撤退すべきだと主張しており、防衛庁長官に就任した後でも、自衛隊増強による米軍基地の自衛隊への移管という形で米軍基地の撤退を進めるよう主張していた。中曽根によれば、基地問題というナショナリズムと結びつきやすい問題を革新勢力側に握られており、それを保守側に取り返す必要があるために何としても基地問題の解決を図ろうとしたのである。

基地問題のほかにも中曽根が実現を期待したものに、定期防衛閣僚会議があった。これは、当時安保条約四条に基づいて設けられていた安保問題に関する日米協議の場である「日米安全保障協議委員会」（SCC）が、日本側は外務大臣と防衛庁長官という閣僚であるのに、米側が駐日大使と太平洋軍司令官と非対称的な構成になっていたのを、より日米対等の協議の場を作ろうとしたのである。当時の構成自体、安保問題における日米の地位を象徴していたと言えるが、中曽根がそれを対等な立場にしようとしたことは、対米従属批判がナショナリズムに結びつくことを認識していたからに他ならない。

さらに中曽根長官時代に、初めて『防衛白書』が刊行された。また、国際政治の論客で「進歩的文化人」と論戦していた猪木正道京都大学教授に依頼し、防衛大学校校長に就任してもらった。猪木は理工系中心のカリキュラムに人文社会科学系の課程を加えることをはじめ、防大教育の拡充に尽力していく。また、有識者を組織して「防衛を診断する会」を作ったことなど、中曽根長官時代に、のちに坂田道太《みちた》長官時代に行われた防衛政策改革にもつながる施策が行われた。ただし、『防衛白書』は次に坂田長官時代から毎年刊行されるようになるまで五年のブランクがあくなど、中曽根長官時代の施策がそのまま続いていったというわけではなかった。しかし、防衛政策に大きな刺激をもたらしたことは間違いないだろう。

さて、以上のような中曽根の主張は、後で述べる長期計画の問題も関係して自民党内を含むさまざまな批判を生んだ。たとえば、自衛隊増強による米軍基地の自衛隊への移管という主張は、論理的には「有事駐留論」となり、日米安保の根幹である基地問題に触れていて安保の変質を迫るものと自民党内で受け止められた。国防族など安保中心論者だけでなく、吉田路線を継承する日米安保重視派からも中曽根の意見は批判を受ける。安保延長問題や自らの総裁選問題などもあって、党内を混乱させたくない佐藤首相も積極的支持は行わなかった。中曽根は自主防衛を明確化するために、安保中心主義を謳った「国防の基本方針」の改定を図るが、結局これも実現できなかったのである。

†「中曽根構想」の意味

それでは、中曽根長官時代に立案されたポスト三次防の長期計画はどのような内容であったのだろうか。中曽根はこれまでの長期計画の延長のようなものではなく、新しい発想の下に長期計画を立案すべきだとして、これまでのような年次防の呼称ではなく「新防衛力整備計画」と名づけていた。中曽根によれば、計画全体は一〇年の期間で実現を考えたものであるという。

ただし注意しておくべきことは、いかに中曽根が防衛問題に関心が深く積極的に発言をしてきた政治家であるといっても、長期計画の具体的内容にまで踏み込んだ指示ができるわけではないということである。実際、ポスト三次防の策定作業は、中曽根の前任者である有田喜一長官の時代からすでに始まっており、基本的方針はその時期に固められている。中曽根は長官就任時に以前から考えていた自衛隊中心の防衛を実現するにはどのくらいの規模が必要か内局に検討させたところ、膨大な規模になることを知ったという。この「新防衛力整備計画」も、策定の中心になったのは防衛局の官僚たちであった。この計画のもっとも重要な特徴は「常備兵力論」という考え方を採用している点であり、後に次官となる西廣整輝《にしひろせいき》の立案と言われている。これは「基盤的防衛力構想」とも密接な関係があるので、後で検討することにしたい。

さて、四次防の策定が具体化するにつれ、自主防衛を積極的に主張する中曽根の姿勢と相まって、その予算規模が問題になり始めた。二次防、三次防はそれぞれ予算規模が倍増しており、今回の計画でもその傾向が続くとすれば巨額の予算規模が予想された。そしてそろそろ防衛力増大にも歯止めを設けなければならないという声が野党を中心に挙がり始めた。最終的には、原案の予算はベア分を除き五兆一九五〇億円、三次防の約二・二倍の規模となった。

前述のように、基地問題をめぐる中曽根の考えが自民党内にも反発を招いていたことをはじめ、自主防衛の積極的主張と計画の巨大な費用という問題が結びつき、内外から日本の軍国主義が復活したのではないかという批判も招くことになった。そこで防衛力整備の最終目標あるいは防衛力の限界の設定を、より明確にする必要が生じてきたのである。

†「中曽根構想」の挫折と四次防

内容から見た場合、新防衛力整備計画は、二次防、三次防的な装備品購入計画にとどまることなく、中曽根が言うように「わが国独自の戦略戦術に適応」させようと考えた計画であった。しかし自民党内の中曽根の自主防衛論批判や内外の軍国主義批判だけでなく、この新防衛力整備計画も厳しい批判にさらされることになった。その代表的なものが、財政規模の問題から大蔵省、内容の点から国防会議による批判である。後者の国防会議は、当時海原が事務局長を務めており、新防衛力整備計画にある海上防衛力重視など基本的な考え方に批判的であった。こうして大蔵省や国防会議からの強い反対を受けて、新防衛力整備計画は修正を余儀なくされていくのである。

そして内容修正・規模縮小の流れを決定的なものにしたのが、中曽根が増原惠吉長官と交代した直後にあった二度にわたるニクソン・ショックであった。ニクソン訪中を伝えた最初のニクソン・ショックで、大蔵省と国防会議の審議でただでさえ遅れていた審議がいっそう遅れて翌年に持ち越されることが決定的となった。さらに影響が大きかったのが八月のドル防衛策発表で、これによって日本への防衛費負担増及び米国産兵器購入問題が起きることが予想されるとともに、通貨問題の混乱による日本の財政への影響も懸念される事態となったのである。結局、一〇月に入ると西村直己《なおみ》長官が「四次防」(新防衛力整備計画は中曽根が防衛庁を離れた後は従来どおり、年次防を踏襲した四次防と呼ばれていた)の大幅手直しを決意し、防衛庁は直ちに原案の再検討に入ることになったのである(表2参照)。

さて、中曽根が追求したのは二つのこと、すなわち米国依存から脱して自主的防衛の幅を拡大することと対米対等性を獲得することであった。その二つとも、中曽根構想の挫折によって表面的には頓挫してしまった。また、「四次防」の手直し着手は、高度経済成長時代のような長期計画のあり方の行き詰まりも示していた。防衛政策は大きな転換期を迎えていたわけである。そしてこの時期、自衛隊に関係した二つの事件が社会を揺るがすことになった。三島事件

区　分（年度）			1次防 （1958〜60）	2次防 （1962〜66）	3次防 （1967〜71）	4次防 （1972〜76）
陸上自衛隊		自衛官定数	170,000人	171,500人	179,000人	180,000人
陸上自衛隊	基幹部隊	平時地域配備する部隊	6個管区隊 3個混成団	12個師団 —	12個師団 —	12個師団 1個混成団
陸上自衛隊	基幹部隊	機動運用部隊	1個機械化混成団 1個戦車群 1個特科団 1個空挺団 1個教導団 —	1個機械化師団 1個戦車群 1個特科団 1個空挺団 1個教導団 —	1個機械化師団 1個戦車群 1個特科団 1個空挺団 1個教導団 1個ヘリコプター団	1個機械化師団 1個戦車群 1個特科団 1個空挺団 1個教導団 1個ヘリコプター団
陸上自衛隊	基幹部隊	低空域防空用地対空誘導弾部隊	—	2個高射大隊	4個高射特科群 （外に1群の準備）	8個高射特科群
海上自衛隊	基幹部隊	対潜水上艦艇部隊（機動運用）	3個護衛隊群	3個護衛隊群	4個護衛隊群	4個護衛隊群
海上自衛隊	基幹部隊	対潜水上艦艇部隊（地方隊）	5個隊	5個隊	10個隊	10個隊
海上自衛隊	基幹部隊	潜水艦部隊	—	2個隊	4個隊	6個隊
海上自衛隊	基幹部隊	掃海部隊	1個掃海隊群	2個掃海隊群	2個掃海隊群	2個掃海隊群
海上自衛隊	基幹部隊	陸上対潜機部隊	9個隊	15個隊	14個隊	17個隊
海上自衛隊	主要装備	対潜水上艦艇	57隻	59隻	59隻	61隻
海上自衛隊	主要装備	潜水艦	2隻	7隻	12隻	14隻
海上自衛隊	主要装備	作戦用航空機	（約220機）	（約230機）	（約240機）	約210隻 （約300機）
航空自衛隊	基幹部隊	航空警戒管制部隊	24個警戒群	24個警戒群	24個警戒群	28個警戒群
航空自衛隊	基幹部隊	要撃戦闘機部隊	12個飛行隊	15個飛行隊	10個飛行隊	10個飛行隊
航空自衛隊	基幹部隊	支援戦闘機部隊	—	4個飛行隊	4個飛行隊	3個飛行隊
航空自衛隊	基幹部隊	航空偵察部隊	—	1個飛行隊	1個飛行隊	1個飛行隊
航空自衛隊	基幹部隊	航空輸送部隊	2個飛行隊	3個飛行隊	3個飛行隊	3個飛行隊
航空自衛隊	基幹部隊	警戒飛行部隊	—	—	—	—
航空自衛隊	基幹部隊	高空域防空用地対空誘導弾部隊	—	2個高射群	4個高射群	5個高射群 （外に1群の準備）
航空自衛隊	主要装備	作戦用航空機	（約1,130機）	（約1,100機）	（約940機）	約490機 （約900機）

表2　各長期計画による防衛力整備の推移

（注）作戦用航空機中（　）内は、練習機を含む全航空機の機数である。1〜3次防の隊数等は、各防衛力整備計画期末のものである。

（出典）『防衛白書　1977年版』

と雫石《しずくいし》事故である。

†三島事件と雫石事故

三島事件とは、七〇年一一月二五日、戦後の日本を代表する作家である三島由紀夫が、自らが主宰する私設の軍事的組織「楯の会」のメンバーとともに東部方面総監を人質に取り、憲法改正のための自衛隊決起を呼びかけ、割腹自殺した事件である。ただ、三島のクーデターの呼びかけに対して、自衛隊員が動くことはなかった。総監部のバルコニーで演説する三島の声は、隊員のヤジで聞こえなかったとも言われる。著名作家である三島が体験入隊するといった活動には、防衛庁・自衛隊にも協力する人々もいたが、事件そのものの自衛隊への影響は大きくはなかった。むしろノーベル文学賞候補と言われた三島による事件は、現在も社会文化的意味のほうが問われ続けている。

一方で雫石事故は、自衛隊へのきわめて大きなダメージをもたらした。これは七一年七月三〇日、岩手県岩手郡雫石町上空で全日空旅客機と訓練中の航空自衛隊機が衝突した事件である。自衛隊機搭乗員は脱出して無事だったが、全日空機は乗客乗員一六二名全員が死亡した。これは八五年八月の日本航空一二三便の墜落事故が起きるまで、日本国内の航空事故では最大の犠牲者数であった。自衛隊発足と同時に誕生した航空自衛隊は搭乗員を急速に確保しなければならず、搭乗員の増員に合わせて訓練も増加していた。一方で民間航空は拡大期にあり、年々飛行数が増加し、民間機と自衛隊機のニアミスの発生も事件以前から指摘されていた。しかし当時は航空行政が立ち遅れており、自衛隊の訓練空域と民間航空路が完全に分離されていなかったことなど、さまざまな問題があったと言われている。

事故の原因については、当初は自衛隊機が追突したと報道されて、自衛隊の責任が追及された。現在は全日空機が確認義務を怠って自衛隊機と衝突したという指摘があり、最高裁での判決は、衝突機の搭乗員ではなく訓練での教官のみの責任を問い禁錮三年、執行猶予三年というものであった。この事故に関しては自衛隊の冤罪を主張する意見もあり、いまだに明らかになっていない問題もある。

自衛隊から見て問題なのは、マスコミ報道が、原因追究の前に、まず自衛隊批判を行ったことであろう。これは当時の戦後平和主義による反軍事的空気を象徴するものである。自衛隊が関係した事故が起きると、原因がわからないうちから自衛隊が批判されるというのは、一九八八年の「なだしお事件」、二〇〇八年二月に起きた「護衛艦あたご漁船清徳丸衝突事件」でも繰り返されている。裁判では、前者では双方に責任があったとされ、後者では、あたご側に過失がなかったとして無罪判決で結審した。しかし事件当初、両事件ともマスコミは海上自衛隊の責任だと批判し続けたのである。自衛隊が関係した事件・事故に対する報道がすべて問題であるとは思わない。しかし、報道機関はまず原因を真摯に追及する姿勢が重要であろう。なお、雫石事故では増原恵吉防衛庁長官と上田泰弘航空幕僚長が引責辞任した。上田空幕長は事故発生の報を聞くとすぐに現場に向かい、遺族の怒号の中をひたすら陳謝し続けた。そして辞任後は遺族宅を一軒一軒回って謝罪を続けたと言われている。

第三章
新冷戦時代——防衛政策の変容

アメリカへの亡命を求めて函館空港に強行着陸したミグ25
(1976年9月6日、写真提供=共同通信)

1 「防衛計画の大綱」策定

†防衛政策をめぐる二つの課題

六〇年代後半から高揚していた自主防衛問題は、日本における防衛力すなわち自衛隊の役割についても再検討を迫ることになった。つまり、「安保補完論」の立場に立つとしても、実際に自衛隊がどこまでできるのか、そのための戦力をどう構築するのかといった問題について、日米安保との関係を含めて再検討する必要性が生じたわけである。そうした状況の中で、中曽根の新防衛力整備構想が打ち出された。しかしその結果は前述のとおりで、計画自体が大幅な修正を余儀なくされただけでなく、軍国主義批判を招き、防衛力の限界の設定という新たな重要課題を生じてしまった。

しかも、自主防衛論が高揚した状況自体には大きな変化はなかった。逆に、七一年の二度のニクソン・ショックを経て対米不信感は高まっており、日本の自主性を求める機運はさらに高まっていたのである。したがって、七〇年代前半は、日本における防衛力の役割の明確化と防衛力の限界の設定という二つの重要課題にどう応えるかが迫られた時期であった。

この二つの課題に応えるために、防衛政策を理論化しようと試みたのが、中曽根時代に防衛局長を務め、後に防衛事務次官に就任した久保卓也であった。久保も旧内務省警察官僚の出身で、海原より少し若い世代になる。保安庁時代から防衛問題に関係し、防衛庁と警察を行き来している。久保自身も防衛問題に強い関心を持っており、一次防以来の長期計画には何らかの形ですべて関与し、防衛庁でも次代を担う人物として期待されていた。

海原ら第一世代が、旧軍人の関与や政治家の干渉をなるべく排除し、制服組を何とか抑えて「文官優位システム」を強固なものにしようと努力していたのに対し、久保は六〇年代から防衛庁の管理官庁化に飽き足らず、政策官庁化を目指したいという意向を示していた。七〇年代の二つの課題は、まさに防衛庁が政策官庁に脱皮していけるかを問われるものであった。久保は防衛局長として警察から防衛庁に戻り、中曽根の新防衛力整備構想の審議に苦労しつつ、この二つの課題に取り組んでいくのである。

さて、久保は「平和時の防衛力」という考え方をまとめていく。これがのちに基盤的防衛力構想へと発展していったと言われているが、その内容をよく見てみると、中曽根構想にあった考え方が基礎になっていた。それが「常備兵力」の考え方であるが、これは後で「基盤的防衛力構想」の説明をするときに詳しく述べることにしたい。いずれにしても久保は、自らの考えがまとまってくると防衛庁内関係者に「KB個人論文」という文書を配布してその反応を探り、また外部の雑誌などにも頻繁に登場して発言した。論文や著作なども発表しており、評論家になって著作も多数出した海原に並んで、いわば「発言する防衛官僚」であった。

†ポスト四次防の策定

中曽根の「新防衛力整備構想」を大幅に修正・縮小し、三次防の延長として四次防が決定されたのは、基本方針である「大綱」が七二年二月七日、「主要項目」が同年一〇月九日であった。長期政権であった佐藤内閣に替わって七月から田中角栄内閣になっていた。四次防の成立後まもなく「平和時の防衛力」に関する議論が本格化する。しかも、翌年の石油ショックの影響で高度成長を誇った日本経済も低成長時代に入り、これが防衛予算の問題にも大きく響いてくる。四次防は、いわば不幸な長期計画で、その審議自体多くの混乱を招いて大幅な修正と規模縮小の結果ようやく成立したのに、さらに実行段階未達成、つまり計画だけで実現されない部分が多く出てしまったのである。とくに海上自衛隊においてそれが多かった。

こうした経済状態やデタント（緊張緩和）と言われる国際情勢の下、次の長期計画、いわゆるポスト四次防をどうするかということが防衛庁にとってきわめて重要な課題となっていた。前述のように、日本における防衛力の意義と平和時の防衛力の限界という問題については、久保卓也が防衛政策の理論化という形で取り組んでいた。一方で、ポスト四次防という具体的な長期計画の策定問題に取り組んでいたのが、夏目晴雄、西廣整輝、宝珠山《ほうしゆやま》昇といった、久保よりもさらに若い世代で防衛庁生え抜きの官僚たちであった。そして成立するのが「防衛計画の大綱」である。

さて、こうして防衛庁が低成長・緊張緩和という状況の中でポスト四次防に取り組んでいるとき、三木内閣の防衛庁長官に就任したのが坂田道太であった。坂田は文教族として知られていた党人派の政治家で、これまで防衛問題にはほとんど関係してこなかった。逆にそのためにこれまでの経緯に縛られることがなかったと言える。坂田は、平和時の防衛力の設定という問題と日米安保体制の強化の二つを重要課題に据えつつ、密室の中で防衛政策が形成されるのはよくないという考えから、中曽根長官のときに第一号が出た後は作成されていなかった『防衛白書』の刊行や、民間有識者を集めた「防衛を考える会」の設置などを積極的に進めていくことになる。「防衛を考える会」は、新しい防衛大綱を作る際に有識者懇談会で審議するという方式の例となる。

「防衛を考える会」に参加したメンバーは、以下のとおりである。

荒井勇（中小企業金融公庫総裁）、荒垣秀雄（元朝日新聞）、牛場信彦（元駐米大使）、緒方研二（電電公社総務理事）、金森久雄（日本経済研究センター理事長）、高坂正堯（京都大学教授）、河野義克（東京市政調査会理事長）、佐伯喜一（野村総合研究所）、角田《つのだ》房子（作家）、平沢和重（評論家・NHK解説委員）、村野賢哉（ケン・リサーチ社長）

一見して、防衛問題に詳しいのは高坂、佐伯、牛場くらいだが、防衛問題が実は経済や科学技術、さらに国民生活などさまざまな分野に関係していることを配慮した人選であった。この人選には坂田長官の意向が強く出ていた。また、こうした幅広い分野の有識者で懇談会を作ることが、以後の懇談会でも踏襲されている。

この「防衛を考える会」では、ポスト四次防の策定に対する基本方針を議論してもらおうという趣旨であったが、日本における防衛力の役割についても幅広い議論が展開された。たとえば、ハト派として参加を求められたと言われている平沢は、自衛隊への四つの注文として、①自衛隊と国民との隔たりをなくすこと、②自衛隊が有事と平和とを通じて、常に、国民奉仕隊になってもらいたいこと、③国際協力のできる自衛隊になってもらいたいこと、④内外環境に最適な効率的な自衛力を作ること、を挙げている。「防衛を考える会」による部隊視察や各種資料、討議などを通じて自衛隊が置かれている現状を知った上での提言だが、とくに③の国際協力のできる自衛隊という指摘は重要だろう。平沢は次のように述べている。

「自衛隊の国際協力には、法規改正が必要であろうが、口に世界安定への貢献を唱えながら、日本政府は、たとえば、中東の兵力引き離しを保障する国連活動に何らの具体的貢献をなしえない有様である。日本は、国際社会で、「なーんだ」といわれてもしかたがない。輸送や補給や通信などの面で協力できないかといわれても、「それは海外派兵につながる」といって断りつづけているのが実状である。

少なくとも、政府特別機を自衛隊の責任で常時管理維持し、必要に応じて、総理の外遊の場合とか、この間のカンボジア、ベトナムからの在留邦人の救出のような場合とか、国連の平和維持活動への輸送・補給などの面の協力の場合などに役立つようにしたいと思う。」

平沢がここで述べた内容は、冷戦終了後の九〇年代に入ってから、徐々に実現していったものである。海外邦人救出では一九八五年に、イラン・イラク戦争でイラク空軍機がイランの首都バグダッドを空爆するようになったため、現地に残された邦人約二〇〇名を帰国させる必要が生じた。その際、当時は自衛隊機の派遣は当然できず、かといって民間航空機は日本航空も全日空も危険だからということで対応できなかった。結局、トルコ政府がトルコ航空の飛行機を派遣してくれたおかげで邦人は無事に帰国することができた。海外邦人の救出も他国に頼らねばならない状況であったのである。

グローバリゼーションの進展で海外にいる日本人の数が増大している今日、これは重要な課題である。九〇年代に入って政府専用機を派遣できるようになったが、まだ残された課題は多い。第二次安倍内閣による安保法制にもこの問題は提起されている。つまり平沢が述べてから四〇年たっても、まだ問題が残されているのである。この点は終章で改めて考えたい。いずれにしろ、「ハト派」と言われた平沢にしても、日本の積極的な国際貢献に関して自衛隊を使うことを主張したのは、前述の南原繁や石橋湛山の議論とも共通するもので、戦後平和主義の中で埋没していた問題を再び提起したことになる。

「防衛を考える会」の参加者は、それぞれの立場からさまざまな指摘を行っており、すべてを紹介することはできないが、もう一人、牛場が「私の最も奇怪に思うのは、現在日本に数多く存在する——私は不敏にしてこんなにひどいとはこれまで知らなかった——自衛隊員に対する差別待遇である。世界中どこの国に行っても、兵隊さんを優遇してこそおれ、差別的に不利に待遇しているところは絶無である。こんなことを放置しておいては、自衛隊の士気振興などは望めないと思う」と述べているのは、当時の自衛隊が置かれている社会状況を言い当てている。外交官として国際社会をよく知る牛場の眼には、自衛隊への差別的扱いは異様に映ったのであろう。ちなみに、外交官として牛場も自衛隊の国際協力を積極的に主張している。

さて、「防衛を考える会」の議論で重要なことは、主要メンバーである高坂正堯京都大学教授と防衛庁の久保の考え方が非常に近かったことである。すなわち、「防衛を考える会」の「討議のまとめ」で書かれている内容は、実質的に基盤的防衛力構想の内容と重なっていた。久保自身も次官に就任し、ポスト四次防の策定を積極的に進める。そして成立したのが「防衛計画の大綱」であった。それではこの大綱はどのような内容であったのか、また大綱の基本的土台となった基盤的防衛力構想とはどのような考え方なのか、この点を見てみよう。

†旧大綱の策定

七六年一〇月に成立した「防衛計画の大綱」は、四次防までの長期計画のあり方を見直すとともに、日本における防衛力の意義を明確にしたもので、防衛庁・自衛隊創設後約二〇年で、ようやく日本が自らの防衛構想を本格的にまとめたものであった。この大綱を論じる場合、防衛力整備に関する基本方針となった基盤的防衛力構想のみが取り上げられることが多いが、しかしそれのみでなく、中期業務見積り（中業《ちゅうぎょう》）方式の採用や統幕強化案といった、これまでと異なる方法が採用されている点も含めて総合的にとらえられるべきであろう。

さて、まず基盤的防衛力構想の内容である。四次防までの長期計画では、敵とみなす相手の戦力に対応してこちらの戦力を考える「所要防衛力」の考え方をとっていた。これ自体は軍事力整備の基本的考え方であって、別に特殊なものではない。ただ日本の場合、想定敵国がソ連であって、その極東方面の戦力だけでも膨大なものであった。ソ連の戦力に対応した防衛力を算定しても、必要なだけのものが整備できるわけではなかった。しかも、陸海空がバラバラな防衛方針の下に自らの防衛力整備を考えている状況では、長期計画はいきおい予算の奪い合いとなる。限られた防衛予算の中で、各自衛隊が自らの防衛構想に従った装備を導入しようとするため、長期計画はどうしても最新鋭の装備を求める「買い物リスト」になりがちであった。

こうして最先端の装備が導入される一方で、必要な弾薬をはじめとした補給物品は不足するなど、いびつな防衛力整備が進められていたというのが当時の実情であった。しかも、各自衛隊にすれば、大蔵省をはじめとする厳しい査定によって必要な装備が十分にそろえられないという不満も鬱積していたのである。そこで採用されたのが基盤的防衛力構想であった。

米ソ戦の勃発といった世界戦争の場合を除いて、日本に対する大規模な直接侵略は可能性が低いという想定の下、基盤的防衛力構想では所要防衛力の考えと異なり、想定すべき脅威を「限定された小規模な部隊による局地戦」としていた。日本の平和時の防衛力はこの「限定された小規模な部隊による局地戦」に対応できるものであればよく、侵略に対する「拒否力」の範囲で防衛力を整備するという考え方である。拒否力とは前述した高坂も述べていた考えだが、この拒否力を構成する防衛力こそ、「常備兵力」として中曽根の新防衛力整備構想の中で語られていたものであった。図10の概念図に見られるように、平時においては拒否力足りうる防衛力（すなわちこれが基盤的防衛力）の整備が目指されればよいとされ、それによってこれまで不十分であった補給部門を含めた総合的な防衛力整備が可能になると考えられたわけである。

こうした総合的な防衛力整備を行うためには、陸海空の三自衛隊の総合調整が必要になる。

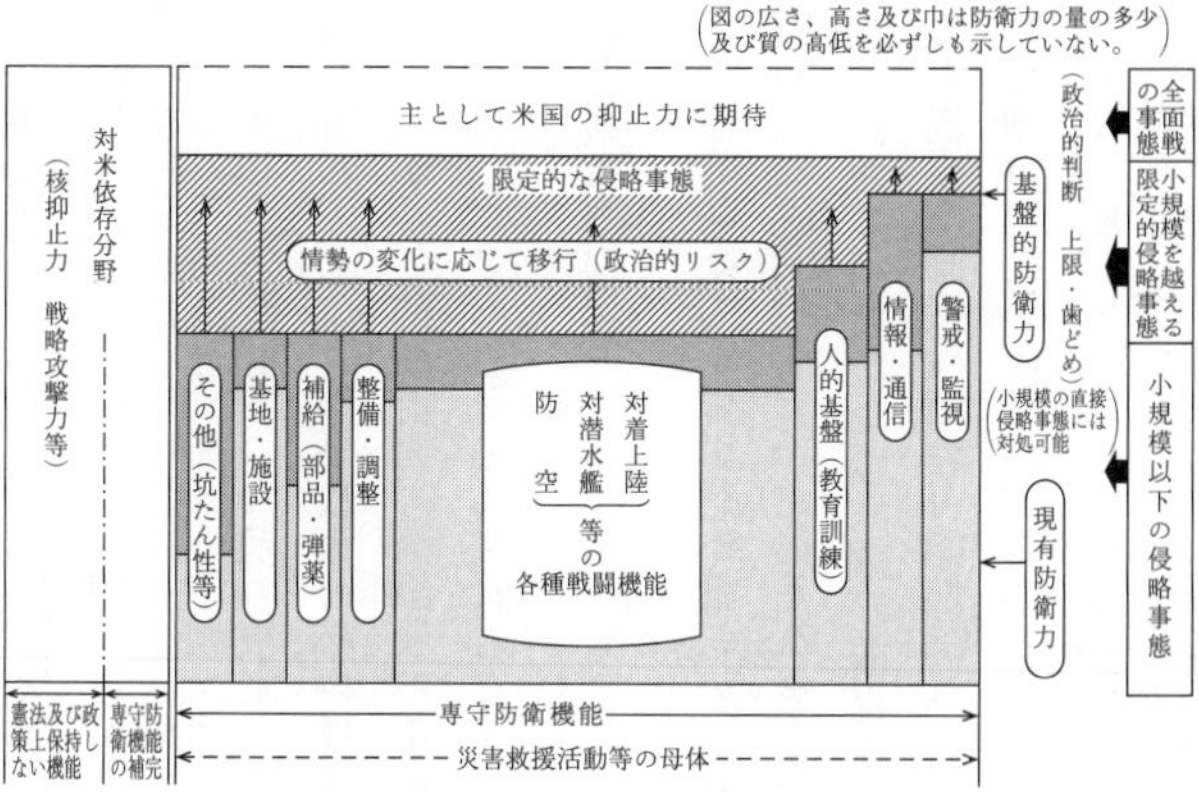

図10　基盤的防衛力構想概念図

その役目は統合幕僚会議が担うべきであるが、現状では権限が弱いので、この統幕強化も進められることになった。統幕は、後述する「ガイドライン」の成立も関連して、この時期から徐々に力を増していくことになる。

　では、以上のような基盤的防衛力とは具体的にはどれほどの規模なのか。それを示したのが大綱に付された別表の整備目標であった。そしてこの整備目標の実現を図るために導入されたのが中期業務見積り（中業）という「ローリング方式」であった。これは従来の年次防が国防会議・内閣で承認を受けた政府計画で五年間の固定計画であったのに対して、中期業務見積りは防衛庁内部の資料であり、三年ごとに計画の実施状況に合わせて修正していくというものであった。従来は、計画立案段階で大蔵省の査定が入るだけでなく、政府計画であるので最終段階で再び大蔵省（場合によっては国防会議も）によって再度修正が要求されることが多かった。つまり財政の視点で防衛政策に縛りをかけていたわけだが、それを計画立案段階だけにして、より防衛政策の独自性を確保したいという考えからきていた。

こうして防衛計画の大綱の決定によって、最初から財政枠の中で長期計画を策定していた状況を脱して、より防衛政策の必要性を重視した計画を実施できる可能性が開かれたことになった。しかし、防衛計画の大綱及びその基礎となった基盤的防衛力整備構想は、成立直後から厳しい批判にさらされることになる。

†旧大綱批判の内容

基盤的防衛力整備構想が厳しい批判を呼んだ最大の要因は、同構想のスポークスマンとして積極的に説明役を買って出た久保卓也が、同構想の基本的前提として「脱脅威」論を強調したことにある。たしかに大綱が前提とした国際情勢はデタント（緊張緩和）であり、日本に対する大規模な直接侵略の可能性はほとんどないと考えられていた。久保はこの点を「脱脅威」として強調したわけだが、しかし実際は、基盤的防衛力とはどの程度の防衛力かを算定する基準として「限定された小規模な部隊による局地戦」という脅威を想定していた。したがって決して「脱脅威」ではなかったが、これが大綱決定当時には顕著となっていたソ連の軍備増強問題及びデタントが崩壊したという議論と相まって、大綱は決定された時点ですでに国際情勢に合わないという批判が行われたのである。

大綱に対する批判は各方面からなされたが、もっとも厳しい批判を展開したのが制服組であった。坂田長官の方針で、制服組にも自由に発言する機会を与えたことが制服組の発言を活性化した。現役の発言は少なかったが、OBを中心に、「脱脅威」が国際情勢に合わないだけでなく、基盤的防衛力整備構想では有事になった場合には急いで必要な規模に拡大するという「エキスパンド論」が唱えられていたが、それも非現実的で実現不可能であるといった強い反対論が主張されたのである。海空の主要装備は、簡単に増大できるものではないこともたしかであった。

しかし、こうした批判はあったが、それですぐに防衛計画の大綱が見直されたわけではなかった。何より大綱は、それまでの長期計画のあり方を見直して新たな防衛力整備の可能性を開くものであり、日本における防衛力の意義と平和時の防衛力という七〇年代の防衛政策上の二大課題に応えようとしたものであった。しかも石油ショック後の国際経済の低迷や日本でも財政再建問題が重要になることで、防衛予算の増大は期待できない状況になっていた。大綱決定とほぼ同時に防衛予算をGNP一%以内とするという政府決定も行われており、平和時の防衛力を設定した大綱は、防衛費を抑制する意味からも重視されたのである。

また、当時の防衛庁は創設にあたった旧内務省警察官僚から、大蔵省など他の官庁出身者が枢要な地位に就くという内部変化の時期でもあった。久保の後は同じく警察出身の丸山昂《こう》次官が就任するが、その後は三代続けて大蔵省出身者が次官に就任する。中には、防衛政策の中心である防衛局長の経験がない者もおり、中堅幹部に防衛庁生え抜き組が育ってきていた一方で、上層部は防衛政策の実情を知らない者が就任するという事態になるのである。

2 「ガイドライン」の成立

†デタントから第二次冷戦へ

ポスト四次防の計画が審議された七〇年代前半から中頃にかけての時期は、米中接近や米ソ間で戦略兵器制限条約（SALTⅠ）が署名されるなど、米ソが厳しく対峙しあう状態から、より国際社会の平和と安定の方向に向けて進んでいくという、いわゆるデタント（緊張緩和）という時代でもあった。東アジア情勢では、中国は文化大革命の混乱からようやく安定を取り戻しつつあるかのように見えたし、しかも米中接近で、日米安保反対の立場から日米安保容認の姿勢に転じたのは日本にとってプラスの事態であった。また六〇年代半ばから激化していたベトナム戦争もようやく終結することになり、朝鮮半島でも南北対話の呼びかけが行われるなど、日本の周囲も比較的安定する傾向を見せていた。こういった国際情勢を基本的前提として「防衛計画の大綱」は策定されたわけである。

しかし、大綱が決定された七〇年代中期以降になると、早くもデタントはほころびを見せ始めた。そのもっとも大きな要因は、中東の激動による国際情勢の不安定化とアジア方面にまで及ぶソ連の軍備拡張である。前者の中東問題は、七〇年代から始まったわけではない。しかし七三年の第四次中東戦争とそれを契機とする石油ショックで、世界経済は大混乱となった。OPEC（石油輸出国機構）に参集した中東のアラブ諸国は、石油という重要な戦略資源を握った国際政治の重要アクターとしてようやく七〇年代に顔を出したわけである。中東の動向が、世界経済にきわめて大きな影響を及ぼすことが明確となり、また、イラン革命などこの後に生じた中東の激動は、国際情勢の大きな不安定要因となったのである。

ソ連の軍拡問題は、ベトナム戦争に深入りしすぎた米国が、戦争終了後にアジア方面での影響力を縮小しようとする一方で、主にアジアやインド洋方面でのプレゼンスを拡大する動きとして表れてきた。ソ連はベトナムに基地を確保し、積極的なアジア外交を展開したのをはじめ、インド洋方面でのソ連艦隊の活動を活発化させた。このインド洋方面での活動に見られるよう

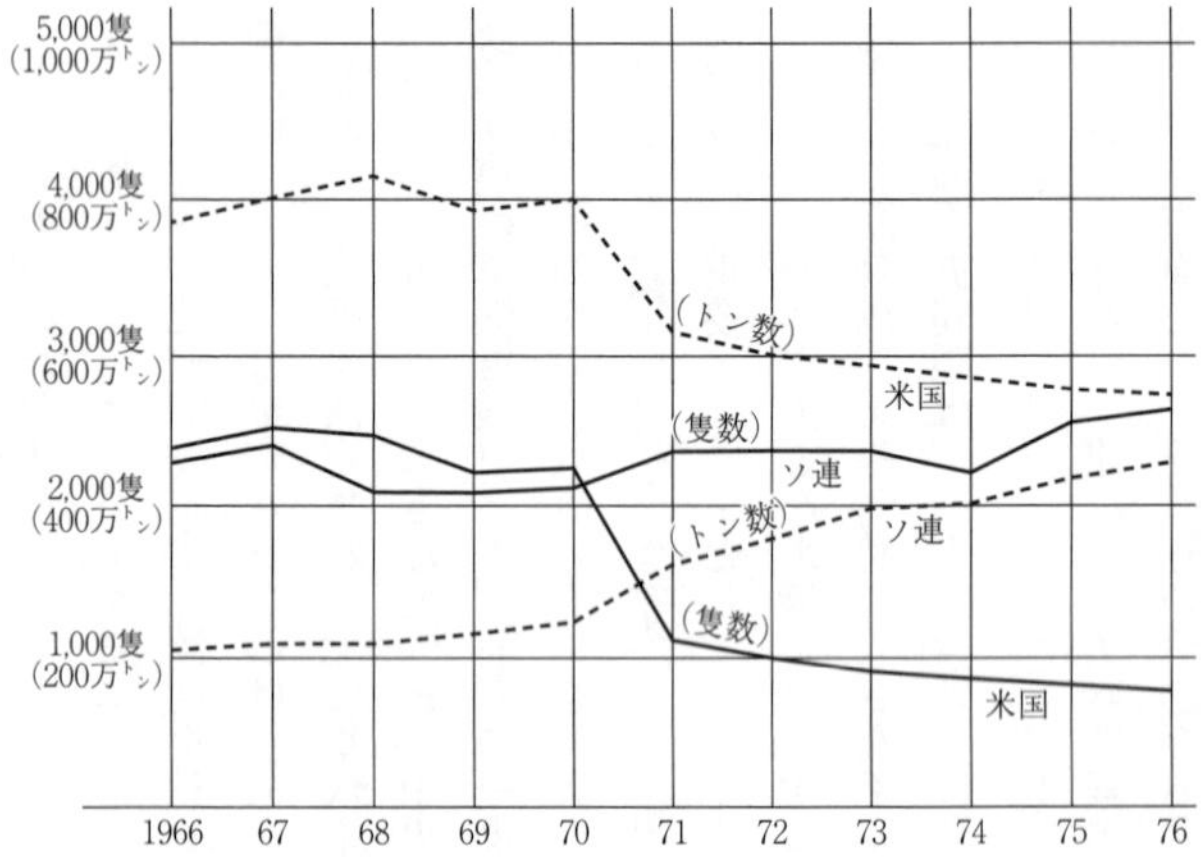

図11　米ソ海軍兵力量の推移（出典）『防衛年鑑』1980年版、161頁

に、ソ連の関心が中東情勢にあることは明らかであり、実際イランやイラクとの関係もこのとき深めていた。また、このときのソ連の軍拡は、とくに海軍において顕著だった。米国がベトナム戦争の影響で財政を悪化させ、軍事費を削減させて海軍も縮小した一方で、ソ連海軍の増強ぶりは著しかった（図11参照）。

このときの海軍拡張は、それまで沿岸海軍と言われていたソ連海軍を、外洋海軍に成長させたものだった。その証が、七〇年に全世界規模で行われたオケアン演習という海軍軍事訓練と、さらにその規模を拡大した七五年のオケアン75演習だった。米国がベトナム戦争で疲れ、ＳＡＬＴＩの締結などで油断している間にソ連は着々と軍拡していたわけで、米国の安全保障問題担当者などから厳しい目が向けられるようになってきたのである。

†ソ連の軍拡と自衛隊

ソ連の軍拡は極東方面にも及んでいた。それがソ連太平洋艦隊の増強と、北方領土への部隊展開である。ソ連海軍が増強される場合、以前はバルト海や黒海などの大西洋方面の部隊が第一に考えられていた。しかし七〇年代に入ると、ソ連海軍二隻目の航空母艦ミンスクを太平洋艦隊に配置したのをはじめ、原子力潜水艦を大幅に増強していた。従来からソ連太平洋艦隊の潜水艦は、米海軍にとって脅威と考えられてきたが、その脅威がいっそう増大したのである。

さらに海軍だけでなく、七八年になると北方領土に陸上兵力を展開させるようにもなっていた。また、航続距離の長いバックファイアーといった爆撃機も配備されることになり、七〇年代後半になると、極東ソ連軍の脅威は米国には深刻なものとして見られるようになっていた。それが、米国の日本に対する防衛力増強要請となって表れてくるのである。

こういった事態に、自衛隊はどのような方針でいたのだろうか。陸上自衛隊は、七〇年の安保延長問題が無事に過ぎたことで、六〇年代の間接侵略対処・治安維持重視の方針から、限定的直接侵攻への対処を基本に戦略を組み立てていた。そして直接侵攻の可能性がある地域として北海道を想定し、北海道に展開する部隊の強化などを行っていた。これは大綱にある「限定小規模の武力攻撃」に対処するという考え方と基本的に一致するものであった。

一方で海上自衛隊は、いっそう米海軍との連携を深めていた。三次防を経て七〇年代にはようやく米海軍にも評価される部隊に育っていた海上自衛隊は、米海軍との共同訓練をしばしば実施し、その高い士気と錬度でさらに評価を高めていた。海上自衛隊は前述のように、三海峡封鎖でソ連潜水艦を封じ込めることで太平洋の米海軍の対潜能力を補う作戦を持っていた。戦力が低下していた米海軍にしても、海上自衛隊の対潜能力は貴重な戦力と考えられ、七〇年代中期には訓練マニュアルも改定されて日米海軍の緊密さはいっそう深まっていたのである。

以上のような海上自衛隊の方針は、陸上自衛隊が持っている本土への直接侵略に備える方針とは基本的に異なっていた。実際に海上自衛隊は、本土に侵攻する部隊を乗せた船団を攻撃するといった能力はきわめて限定したものしか有しておらず、あくまで主目的は対潜作戦だった。

それが象徴的に示されたのが、七四年一一月の第10雄洋丸というLPGタンカーの撃沈問題であろう。リベリア貨物船と衝突し、死者三三名を出して炎上を続ける同船を沈没処理させることになり、海上自衛隊が最終的にその処理を担当した事件である。結局、一一月二七日から攻撃を始めて、撃沈に翌二八日の夕方までかかってしまった。いかに船内に多くの区画があって沈みにくい四万トン超のタンカーとはいえ、時間がかかりすぎだという批判が海上自衛隊に寄せられた。しかしこれは船舶攻撃用の大口径の砲をあまり持たず、魚雷も対潜用といった具合に、船舶攻撃ではなく潜水艦攻撃を主眼とした海上自衛隊にとってはやむを得ないことでもあったのである。

こうした陸上自衛隊と海上自衛隊の基本方針の相違は、本土防衛を中心に考えるかどうかの相違でもあった。陸上自衛隊はその性質上、本土防衛を主眼に考えるのは当然である。しかし海上自衛隊は、その創設以来の経緯から、米海軍との共同行動が基本的方針であった。そして米海軍と密接な関係を持つ海上自衛隊にとっては、本土への直接侵攻よりも、朝鮮半島情勢や中東問題で危機が発生する可能性が高いと考えられていたのである。これは本土への脅威を想定して策定された防衛大綱の内容とも、実は齟齬をきたしていた。それが後の日米ガイドラインの策定によって、大きな意味を持つことになる。

†日米軍事協力の具体化

「日米防衛協力のための指針」（ガイドライン）に結実する日米防衛協力問題を熱心に進めたのが、久保次官の下で防衛局長を務め、久保の後に次官に就任した丸山昂であった。丸山も旧内務省出身の警察官僚で、六七年に一度防衛庁官房総務課長を務めたことがあるものの、防衛庁官房長に就任するまでほとんど防衛行政の中枢には参画していなかった。海原が保安庁以来の定着組であり、久保が何度か防衛庁と警察を往復しつつ、防衛力整備計画のすべてに関与したのと対比すれば、防衛庁内局において外様的存在であった。丸山はこれまでの防衛力整備計画が抱えていた諸問題の集積のような防衛計画の大綱策定作業にはほとんど関係せず、もっぱら日米防衛協力の強化問題に取り組んだ。それは丸山が防衛庁に移ったとき、日本の防衛計画に関して日米間で詳細な協議が行われていないことに疑問を感じ、防衛局長に就任した時点でこの問題に取り組むことを決心したためと、彼自身は回想している。

丸山がここで実現しようとしたのは日米両国間で安保の具体的運用を協議する仕組みを作ることと、日米防衛担当大臣の定期協議の実現であった。前者については、すでに安全保障協議委員会（SCC）、安全保障高級事務レベル協議（SSC）、そして安保運用協議会（SCG）が設けられていた。しかしSCCは日本側出席者が外務大臣、防衛庁長官であるのに、米国は駐日大使、太平洋軍司令官であって構成上問題があり、しかも安保の基本的問題を扱う場であった。SSCは適宜次官クラスが会合して意見交換する場であり、より具体的問題を協議する場としては、七三年一月に大平正芳外相とロバート・インガソル駐日大使の間で合意して創設されたSCGがあるが、これは外務省主導でやはり安全保障の問題全般にわたって日米間の意見交換をする場として機能していた。したがって、防衛計画の内容にわたる具体的協議の場は改めて設置される必要があると丸山は考えたのである。

後者の考え方は、もともとは中曽根時代の安全保障協議委員会メンバー変更問題に起源があった。すなわち、同委員会のメンバーを両国とも大臣にして日米間の対等性を明確化しようというのが中曽根の考えであった。中曽根防衛庁長官と当時のメルビン・レアード国防長官の相互訪問は実現したものの、それ以上の具体化すなわち安全保障協議委員会のメンバー変更はなかなか実現できないままになっていた。そこで両国大臣の定期協議という形で、実質的に両国を対等のパートナーとして位置づけようということになったのである。以上のような安保の具体的運用を協議する仕組み作りと日米防衛担当大臣の定期協議について、三木武夫内閣成立後防衛局長となっていた丸山が坂田道太長官に日米協議の必要性を説いたところ賛同を得て、シュレジンジャー米国防長官の訪日と坂田・シュレジンジャー会談の実現、日米防衛協力小委員会の設置へと進んでいくことになる。

ここで問題なのは、丸山が疑問に思ったように、そもそもなぜ日米共同行動に関する具体的協議が進んでいなかったのかということである。それは前述のように、これまでの防衛政策においては米軍基地の存在自体が抑止力になるという考え方が基礎になっていたためであり、日米が共同行動まで行うことについては重視していなかったからであった。久保も後述のように、基本的考え方は本土中心の自主防衛であって、共同行動の必要性に関してはほとんど認識していない。それどころか久保は丸山の進める日米協力推進に懐疑的であった。したがって、防衛庁内において、防衛庁生え抜き組を中心に自主防衛論を機軸とした大綱を策定する作業と、丸山を中心とした日米協力推進の作業が、両者の交渉がほとんどないまま並行して進められるという事態となっていたのである。

このような二つの路線が同時に進められた背景には、坂田長官の存在があった。文教族出身で防衛問題に関係が浅かった坂田は、逆に以前の経緯にとらわれずに自分が良いと判断したことを進めたのである。坂田長官が就任したときの重要課題は、平和時の防衛力の限界をどう設定するかということと、日本における防衛力の意義ということであった。これらの課題に応えるために、基盤的防衛力構想を採用して防衛大綱を制定した。そして同時に、日米安保体制をより強固なものにすることで、日本の防衛力が必要以上に大きなものになることなく、しっかりした体制が築けると坂田は考えていたのである。

†旧ガイドライン成立の意味

坂田長官の支持を得て丸山は日米協力の具体化に努め、日米防衛首脳定期会議の実現や、日米防衛協力小委員会の設置にこぎつけた。そして最後にまとめたのが日米防衛協力の具体的内容について取り決めた「日米防衛協力のための指針」であった(七八年一一月)。ガイドラインについては大きく二つの問題があった。第一は適用範囲の問題。第二は、先に決定されていた防衛大綱との関係である。

まず第一の問題である。安保条約は五条で日本本土の防衛を、六条で極東の平和と安全という問題を取り上げていた。日米の制服組の間では純軍事的に見れば、当時喧伝された北海道直接侵攻よりも朝鮮半島情勢の混乱とその波及のほうが可能性ははるかに高いと考えられていた。「日韓運命共同体」と考えられ、その点から安保条約五条の日本防衛規定と六条の基地使用規定は「表裏一体」のもので切り離して考えられないとされていた。したがってガイドラインでも六条も含めた日米協力が推進されることが制服組では期待されていたのである。しかし、国内政治的配慮から、結局五条に関する日米協力が中心となり、後にいわゆる「周辺事態」と呼ばれることになる六条に関する日米協力は、それから約二〇年を経た新ガイドラインまで待たねばならないことになった。

ただ、海上防衛問題での日米協力問題は重要な意味があった。創設以来、米海軍と共同して活動することを念頭においていた海上自衛隊にとって、ガイドラインで海上防衛に関する日米協力に関し、「海上自衛隊及び米海軍は、周辺海域の防衛のための海上作戦及び海上交通の保護のための海上作戦を共同して実施する」。さらに「海上自衛隊は、日本の重要な港湾及び海峡の防備のための作戦並びに周辺海域における対潜作戦、船舶の保護のための作戦その他の作戦を主体となつて実施する」（傍点引用者）と、公式に取り決められたことの意味は大きかった。実は、この内容は、防衛大綱で定めた範囲を越えていたのである。大綱での海上自衛隊の役割は次のように書かれていた。

「2　海上自衛隊
（1）海上における侵略等の事態に対応し得るよう機動的に運用する艦艇部隊として、常時少なくとも1個護衛隊群を即応の態勢で維持し得る1個護衛艦隊を有していること。
（2）沿岸海域の警戒及び防備を目的とする艦艇部隊として、所定の海域ごとに、常時少なくとも1個隊を可動の態勢で維持し得る対潜水上艦艇部隊を有していること。
（3）必要とする場合に、重要港湾、主要海峡等の警戒、防備及び掃海を実施し得るよう、潜水艦部隊、回転翼対潜機部隊及び掃海部隊を有していること。
（4）周辺海域の監視哨戒及び海上護衛等の任務に当たり得る固定翼対潜機部隊を有していること。」

ガイドラインの傍点部分のようなことは想定されていなかったわけである。ここで第二の大綱との関係が問題になる。これまでも述べてきたように、防衛計画の大綱における自衛隊の役割は、あくまで本土防衛であってそれを越えたものではなかった。大綱決定に重要な役割を果たした久保は、日米安保体制を抑止力と位置づけた上で、それが機能している限り「今日の国際情勢ではわが国に対する大規模な侵略は考え難く、反面、奇襲的な小規模侵略は否定し難いから、この程度のものは、おおむねわが国独自の力で対処し得るよう有事即応性を持たせようとするもの」として基盤的防衛力構想をとらえていた。したがって久保から見ると「この構想

(基盤的防衛力構想――引用者注)は、日米安保体制に支えられているとはいい条《じょう》、むしろわが防衛力の自主性を高めるものとして発想されている」ものであった。

言い換えれば、日米協力が進みすぎると日本の自主性に影響が出てくる事態となる。久保は、「基本的な期待からして日本は日本周辺の防衛で十分、長大な海上交通路及び印度洋防衛の期待は、米側の意見のなかには色々出るであろうが、対日政策としては現れまい」と考えていた。ただし、米国の期待と日本の本土防衛重視の考えには差があり、「通じてみて日本の防衛の姿と自主防衛の実態を米に理解させることが必要」という心配もしていた。そして久保の期待に反し、本土防衛中心の日本の考え方と、海空中心に防衛力整備を求める米国の要求が対立する状況がすぐにやってきたのである。

3 総合安全保障論とは何か

†米国の防衛力増強要請

それでは、大綱と内容的に整合しない部分を持つガイドラインはどうして成立できたのだろうか。当初、坂田長官の支持があったことは前述したが、成立したのは福田内閣に代わっていた七八年である。その点を考えると、当時の日米関係の状況が後押しした観が強い。七六年一〇月二九日の国防会議で「防衛計画の大綱」を決定した後、三木首相は一二月一七日に退陣を表明し、同月二四日福田赳夫《たけお》内閣が成立した（防衛庁長官は三原朝雄）。ちょうど米政権もジェラルド・フォードからジミー・カーターへの交代時期にあたっていたが、福田が直面したのは、従来よりもいっそう厳しい防衛力増強要請であった。

実際ソ連の軍拡は前述のように顕著に進められており、ソ連海軍の増強、とくに中東に大きな影響があるインド洋へのソ連海軍の展開と、バックファイアー爆撃機配備等に象徴される極東ソ連軍増強は米国に大きな影響を及ぼしていた。とくに米国は、軍事費削減で大幅に海軍戦力が縮小していた状態から、ベトナム戦争後の軍事戦略見直しを「新機動陸軍、海軍優位」という方向で進めようと考えていたが、そういった戦略の策定にソ連の増強は大きな影響を及ぼしていた。そして米国防当局は七七年一月の国防報告中でも日本との関係強化の重要性についても言及していた。したがって、カーター政権が唱える在韓米軍撤退問題からもソ連脅威論に基づく米国の安全保障戦略からも、防衛問題での日本の役割増大が求められるという状況を迎えていたのである。

この課題に応える福田内閣の方針は、折から丸山次官を中心に進められている日米防衛協力推進を積極的に図るというものだった。七七年六月にはハロルド・ブラウン国防長官が来日、同年九月には三原長官が訪米してブラウン長官と会談するなど、福田内閣成立後、これまでに増して日米間での防衛問題での意見交換が活発になっている。七七年一二月には次期主力戦闘機としてF15イーグル一〇〇機、対潜哨戒機にP3Cオライオン四五機の導入が決まる。そして日米協力の象徴的存在であるガイドラインが、第一七回日米安保協議委員会で七八年一一月二七日に決定されたのである。

†防衛問題を避ける日本政治

さて、ガイドラインの策定によって、防衛大綱とは互いに整合性を欠く二つの方針が成立した。では相互の調整が行われたのかというと、そうではなかった。海上自衛隊は別として、陸上自衛隊などは米軍との共同行動についてそれまでほとんど協議していなかったし、ガイドラインの成立後、ようやくその協議・研究が進められることになった程度であった。防衛政策の基本方針としての防衛大綱が再検討されるような状況ではなかったし、前述のように大蔵省系の幹部が入っていた防衛庁内部でも積極的な政策調整を行うという姿勢は見えなかった。具体的には当時の防衛庁は、ガイドラインで決められた日米協力の推進よりも、折からの財政再建問題で防衛費の伸びを抑えようとする大蔵省と米国の防衛力増強要請の間に立って、何とか防衛費の八〇年度予算GNP比〇・九%維持に苦慮しており、内外の情勢に対応するので精一杯の状況であったと言えるだろう。中枢幹部にすれば、後述するように福田の後に政権についた大平が大綱路線であり、あえてそれを変更に持ち込む必要性を感じなかったであろうし、ガイドライン路線をさらに推進する余裕はなかった。

ところで、ここで問題なのは、防衛大綱にしろガイドラインにしろ、その策定の中心が防衛庁内局官僚であったことである。坂田長官が積極的に防衛政策への関与を深めてはいたが、内容的な面では内局官僚のイニシアチブに従っていた。防衛政策という国家の安全保障の中心的課題は本来政治家がイニシアチブをとるべきものであるが、防衛庁内局が中心となる構図に変化はなかったのである。前述した戦争や軍事をタブー視する傾向は依然として続いていたし、与党と野党が安全保障政策について原理的に対立する政治状況下で、防衛政策に関する現実的議論はやはり政治の場では深められなかった。大部分の政治家はそれを避けていたのである。

そういった状態を象徴する二つの事件があった。「ミグ25機事件」と「栗栖《くりす》弘臣《ひろおみ》統幕議長の超法規発言および同議長罷免《ひめん》事件」である。ともに日本の防衛体制及び政治と軍事の関係にかかわる問題であった。前者はとくに重要である。事件の経過概要は以下のようなものであった。

「一九七六年（昭和五一）九月六日午後一時五〇分、ソ連の最新鋭戦闘機ミグ25（フォックスバット）が突如として日本の領空を侵犯し函館空港に強行着陸し、乗員のビクトル・イワノビッチ・ベレンコ中尉（二九歳）が、アメリカへの亡命と身体の保護を求めた。ソ連側は、ベレンコ中尉との面会、機体の不可侵・早期返還を要求した。九月九日、ベレンコ中尉はソ連大使館員と面会した後、アメリカに亡命のため出国した。機体は九月二四日から二五日未明にかけて、C－5輸送機により函館空港から航空自衛隊の百里基地に移され調査が行われた。一一月一二日、百里基地から茨城県日立港に移送し、同一四日ソ連のタイゴノス号に機体が引渡された」（伊藤皓文「ミグ25機事件」『新版 日本外交史辞典』）。

この事件は、日本の防衛に対するさまざまな問題を明らかにすることになった。まず、領空侵犯への対処能力の問題で、領空侵犯したミグ機に対し、航空自衛隊のファントム戦闘機二機がスクランブル発進したものの、地上レーダーもスクランブル機もミグ機を見失い、発見したときは函館空港に着陸した後であった。低空で侵入した飛行機に対する警戒監視機能と、要撃機のルックダウン能力の不足が指摘されることになった。そして問題の重要さは、そういった自衛隊の能力面にとどまらなかったことである。

ミグの強行着陸後、空港から自衛隊と警察の両方に連絡がいったが、いったん着陸して空港にある以上は警察の管轄であるという理由で、自衛隊は完全に除外されてしまった。軍用機による領空侵犯事案は、当然軍事機構が管轄するのが常識だが、自衛隊は情報入手にすら苦労することになった。さらに、知らせを受けた政府では、関係省庁による消極的権限争いが行われた。このような問題にはかかわりたくないという官庁間の争いである。防衛庁・警察庁・外務省・法務省・運輸省による会議が延々と続けられた。

こうした中、最新鋭機の機密を守るために、ソ連がミグ機を奪還あるいは破壊する軍事作戦を準備しているという情報が入ってくるのである。軍事的にはありうる話であり、航空機による攻撃、艦船による攻撃、特殊部隊による作戦など、さまざまな可能性が考えられた。自衛隊としては、本土が攻撃されることになるわけで、当然対処すべきという話になった。青森県大湊の海上自衛隊、北部方面総監隷下の第一一師団第三二連隊がその中心で、他の部隊も協力する態勢が作られていく。訓練とは異なる、実戦が想定される出撃が準備されたわけである。戦後初めての実戦に臨むかもしれない状況に、自衛隊の各部隊は当惑しながら準備を進めたと言われている。

海上自衛隊の護衛艦は、実弾は主砲のみで魚雷などは装備していなかった。正面装備中心の長期計画が進められる中で、弾薬の備蓄や兵員の居住環境などは後回しにされていたわけである。ソ連海軍と実戦になった場合、主砲のみで対抗できるとは思えなかったが、それでも出撃せざるを得なかったという。二八連隊の高橋永二連隊長は、実戦の可能性を不安がる部下の士気を高めつつ、具体的な作戦を考えなければならなかった。空港周辺に集まる野次馬をどうするか、現場に急行する場合に赤信号で止まるわけにはいかないが、それはどうすればよいか、といったことなど、有事対応以前の問題で悩まなければならないのが日本の状況であった。それが専守防衛というスローガンの実態であったのである。

さらに問題が、政治の責任である。現場の部隊が出動を準備するためには、本来はきちんとした指示・命令が必要である。自衛隊が軍事組織として持てる力を発揮するためには、法的には「防衛出動」が命令されていなければならない。そして、前述のような出動準備に際しては、「防衛出動待機命令」が出されているべきであった。実際、陸上幕僚監部も現場部隊指揮官も、そういった命令が出されることを予期して準備していた。当時、防衛局長を務めていた伊藤圭一は、待機命令が出る可能性を考えて準備をするように指示していた。

しかし、最後まで政治からの具体的な指示はなかったのである。三木首相には陸幕から何度も問い合わせが届いていたが、指示は下されなかった。防衛政策改革に力を発揮した坂田長官は、警察庁に取り上げられた管轄権を防衛庁に戻すべく交渉していたが、それ以上のことはできなかった。実は、当時の三木政権は、「三木おろし」という政争のただなかにあったのである。シビリアン・コントロールにおいて責任を持つべき政治家は、権力をめぐる政争に忙殺されていた。

政治の命令がない中で実弾を準備しての出動待機は、シビリアン・コントロールに反する恐れがある。したがって当時の自衛隊の現場部隊の活動を「独断専行」であり、旧軍と同じだと批判することは容易である。前述のソ連による攻撃という情報は誤報であったし、政府ではベレンコ中尉が早い段階で亡命の意思を伝えていたため、防衛問題ではなく外交問題として考えるという判断であった。しかし、それが明確な形で現場にまでは伝えられなかったのである。すなわち、政治の責任はどうなのかという問題は残されたままであった。専守防衛というスローガンを唱えておけばよいというものではない。万が一に備えるための「国防」での政治の責任はきわめて重いのである。

ミグ25機事件は、実際に危機が生じたとき、日本の防衛体制に不備が多いことを明らかにした。そのことを明確に表明して問題となったのが栗栖統幕議長発言問題である。ミグの事件から二年後のことであった。

これは、直接侵攻が起こった場合、自衛隊がそれに対処するための法制度が不備であって、現状では緊急事態の場合、超法規的に行動せざるを得ないと発言し、当時の金丸信長官によって罷免された事件である（七八年）。栗栖議長はそれ以前にも対外的にさまざまな発言を行っており、その発言内容には機密情報にかかわる問題もあって結局罷免という事態を招いたわけだが、議長が主張したこと自体は正当な内容であった。陸上自衛隊出身である栗栖議長にしてみれば、北海道への直接侵攻を想定しそれに対して戦略を立てているにもかかわらず、法制度上きちんとした行動ができないのでは責任が取れないということであった。

こういった状態を打開するためには、一日も早く有事法制を整備すべきであった。しかし六〇年代に防衛庁内で有事法制を研究してはいたが、六五年の「三矢研究事件」で政治問題となり、有事問題はいわば政治が避ける課題になっていた。福田内閣時代にようやくその研究に着手されることにはなったが、結局役所任せで政治はイニシアチブをとることなく経過する。政治がいかに防衛政策の現実に即した議論を避けていたのかは、有事法制の制定が行われたのが栗栖事件から二〇年以上を経た二〇〇三年であることからも明らかだろう。ただし、冷戦終了以前でも、すべての政治家が安全保障問題に積極的に取り組まなかったわけではない。日本にふさわしい安全保障政策を考えようとした有力政治家の一人が、大平正芳であった。

†大平と総合安保論

ガイドライン成立後、福田内閣は一二月六日に総辞職して翌日大平正芳内閣が成立した。吉田茂の「経済重視・軽武装」路線を継承した池田勇人の派閥・宏池会《こうちかい》の後継者で、いわゆる「保守本流」である大平は防衛力増強には消極的であった。ただし大平は、米国からの防衛力増強要求をただ拒否するのではなく、自らの安全保障戦略を持とうとしたところが、これまでの吉田路線継承者とは性格を異にしている。そして大平の安全保障政策が「総合安全保障」という考え方であった。

大平は七七年一一月一日告示の自民党総裁選挙にあたって、「政治に複合力を」と題する自らの政見を発表している。その中で大平は今後の国づくりにあたっての一つの基本戦略と二つの計画を基本政策として提示していた。

その一つの基本戦略というのが総合安全保障戦略であった。それによれば、福田内閣以来日米協力強化が進められるにつれて日本の安全保障も軍事的側面が大きくクローズアップされてきたことに対して、防衛力という軍事的側面は無視しないものの、それは「節度ある質の高い自衛力」と言うにとどめ、日米安保と内政の充実によって総合的に安全保障を図ろうというものである。こういった考え方は、防衛大綱を推進した久保卓也、また久保と考えが近い高坂正堯京大教授とも共通している。高坂は大平がよく話を聞いた学識者の一人であり、大平の考えには高坂や久保の意見が反映していたと見てよいだろう。

大平は自らの長期政権化を期待して、各種の長期政策立案のための九つの政策研究会を立ち上げたことはよく知られている。この政策研究会のうち安全保障問題に関するグループが、七九年四月に発足した「総合安全保障研究グループ」であった。同研究グループは、当時財界や防衛庁関係者によって創設されたばかりの（財）平和・安全保障研究所の理事長に就任していた猪木正道（京都大学名誉教授・元防衛大学校校長。以下、肩書きは当時のもの）を議長とし、飯田経夫（名古屋大学教授）、高坂正堯（京都大学教授）を幹事としていた。他にも政策研究員として学界から木村汎《ひろし》（北海道大学教授）や佐瀬昌盛（防衛大学校教授）、佐藤誠三郎（東京大学教授）、中嶋嶺雄（東京外語大教授）などが参加し、他に曽野綾子や黒川紀章、江藤淳といった文化人が参加していた。官僚は、防衛庁の佐々《さっさ》淳行《あつゆき》や外務省の渡辺幸治、通産省の木下博生などが加わり、書記やアドバイザーを加えると総勢二五名で構成されていた。

ここで重要なのは、この研究グループの中心が、幹事として最終的に同報告書のとりまとめにあたった高坂であったことである。議長であった猪木は京都大学以来、高坂とは親しい関係であり、しかも猪木が理事長となっている平和・安全保障研究所の実質的中心は、防衛次官を経て国防会議事務局長となり、七八年一一月に退官して同年一二月から研究所の常務理事になっていた久保卓也であった。したがって「総合安全保障研究グループ」における議論に久保や高坂の意見が大きく反映されたのは間違いないだろう。しかし、翌年七月完成した総合安全保障研究グループの報告書は、八〇年六月、総選挙最中に大平が急死したため、大平自身によって活用されることはなかったのである。

†総合安保と旧大綱

七月二二日に首相臨時代理となっていた伊東正義に提出された報告書は、それまで日米安保体制の是非や憲法問題ばかりが議論されていた日本の状況を考えると、日本が抱える問題点や今後の課題をよく整理したものだと評価して間違いはない。政策提言として報告書の内容を見た場合、重要なことは二点ある。

第一点は、米国の力が弱まったという状況を背景にしつつ、安全保障に脅威を与える問題を多面的にとらえた点である。経済・資源・エネルギーなどさまざまな問題を分析し、日本がなすべきことを考察していた。国際的安定こそ日本の安全保障に不可欠という認識がそこにはあり、中東へのPKOについても触れているのである。

第二点は、軍事的役割の限定性の問題である。そもそも、日米協力の進展で軍事面ばかりが強調されることを避け、政治や経済など多面的に安全保障政策を考えるという趣旨で総合安全保障政策は構想されていた。つまり最初から軍事は全体の一部に過ぎず、ガイドライン以降かなり表面に出てきた軍事問題を薄める効果も見込まれていた。したがってここで行われた軍事面に関する議論は、広範な日米協力のあり方ではなく、基本的に本土中心の自主防衛論だった。

ただし、この報告書が当時顕著になっていった第二次冷戦とも言える状況を無視していたわけでは決してない。「米ソ間の軍事バランスは、一九六〇年代半ば以降のソ連の軍備拡張によって変化した」とあるように、ソ連の軍事力増強がもたらす国際政治的影響についても正確に分析している。ソ連軍拡による変化の結果、「アメリカは過去のように、単独で、広い範囲にわたって、かつすべてのレベルで、安全を与えることはできなくなった」。こういった変化は

「日本にとっての軍事的安全保障の課題を増加させた」。すなわち、アメリカに依存していればよい状況が終わり、「局地的バランスについては、その地域の国々の軍事力が重要となった」と考えられているのである。

しかし「こうして、日本は、戦後初めて自助の努力について真剣に考えなければならなくなったし、日米間の全般的な友好関係だけでなく、軍事的な関係が現実によく機能し得るよう準備しなくてはならなくなったのである」と述べてあるものの、全般的な友好関係だけでなく、よく機能しうる軍事的な関係とは具体的にどういったことかということに関しては明らかにされていなかった。この後は、軍事面におけるアメリカの優越の終了が、より広範な外交的意味を持つということで、日本の外交的役割といった問題に議論が移ってしまう。結論として軍事面においては自衛力増強という点に落ち着いているのが本報告の特徴であった。

そして自衛力という問題で登場するのが、拒否力という高坂と久保によって定式化された概念であった。そして防衛大綱で定めたことすら実現できていない状況を批判し、「(自衛力の強化に関する――引用者注) 以上の欠陥を埋めることは、高い優先順位を与えられるべき課題である。それは『大綱』の実施に過ぎない」とまで言い切っているのである。

ところが後述のように、米国は単に日本に自衛力の強化を求めるだけではなく、ソ連の軍事的脅威に対抗する共同行動を求める段階に来ていた。こうした問題には、この報告書は答えを用意していなかった。むしろ、自衛力増強すら問題になりがちな日本の政治状況を考慮すれば、米国との対ソ共同行動などはいまだ発想の段階に来ていなかったということであろう。この点では、政治状況のほうが報告書（あるいは日本での安全保障議論）で想定した段階を越えて進んでしまっていたということになる。

さて、総合安全保障論は大平内閣の後継である鈴木善幸内閣では、結果的に有効に生かされることはなかった。米国からの強い防衛力増強要請、そしてこれから明確になっていく共同作戦問題に対して、日本としての安全保障のあり方を問い直したこの報告書を、現実政治の中でいかに応用していくかという試みは結局なされなかった。強力な支援者としての大平を失ったため、総合安全保障に関する重要な政策提言であったこの報告書は、現実の場で政策という形に昇華できなかったのである。

†国際情勢の緊張と第二次冷戦

大平が「総合安全保障政策」の具体化を研究グループに託していた間、米国からの防衛力増強要請も厳しさを増していた。たとえば七九年七月三一日から開催された第一一回日米安保事務レベル協議で、米側は日本に海上防衛力を高め、日本周辺のシーレーンは自らの力で保護するよう要請した。さらに、米本国では九月一七日、上院外交委員会が日米協力を強化すべしという報告書を公表している。一〇月二〇日のハロルド・ブラウン国防長官の来日の際にも、日本の防衛力増強についての要請がなされており、財政再建との関連で政府は対応に苦慮することになる。

こういった状況の中で、国際関係が大きく変動する。中東のイランで革命が起き、米大使館が占拠されるという事態が生じたのである。こうした中での日本企業のイラン石油購入問題により米国の対日世論が悪化して、ここでも政府は対応に追われることになる。

以上のような中で起きたのが、ソ連のアフガニスタン侵攻であった。これを契機にカーター政権の対ソ姿勢も完全に硬化し、世界は第二次冷戦と言われる状況になっていく。八一年一月、カーター大統領は「カーター・ドクトリン」を発し、ペルシャ湾地域を支配しようとするいかなる外部勢力の試みも米国の基本的国益に対する攻撃とみなし、軍事力を含むあらゆる手段で撃退する旨声明した。中東地域をにらむインド洋方面に展開するために、「とくに太平洋の第七艦隊は常に戦略的柔軟性を重視した態勢に置き、全世界的規模に立って、スウィングされる」というスウィング戦略が明確化していく。規模が縮小した米国海軍戦力の中からインド洋方面に展開する部隊を振り分けるためにも、同盟国のこれまで以上の協力が必要となってくるのである。

大綱批判派はこれまで、大綱が前提としていたデタントという国際情勢理解に対し、ソ連の軍事力増強によってもはやデタントではないという議論を展開していた。大綱批判派にすれば、それが実証されたということになる。前述のように北方領土に対し七八年からソ連地上軍の再展開が行われたのをはじめ、七九年九月には新しい基地の建設も確認されていた。バックファイアー爆撃機の極東配備など、東アジア方面の軍事情勢も緊張の度を増してきたのである。大平からすれば、期待した総合安全保障に関する報告書がまとまる前に国際情勢のほうが大きく変動し、米国からの強い防衛力増強要請に直面する事態となったわけである。米国の要請は具体的には、最初は防衛庁で策定中の中期業務見積りの早期達成問題に、次が対ソ共同作戦問題として現出した。大平内閣の時代は主として前者への対応を迫られたことになる。

結論から言えば、大平政権後期の日米関係はこの問題に終始する。そして政府内でも、対米配慮から中業繰上げ実施に賛成する外務省と、ようやく長期計画を政府決定から切り離して防衛政策の主導権を握った防衛庁が対立する。八〇年四月の訪米でも、中業繰上げ問題で米国との食い違いが明らかになることになり、結局大平は、防衛問題についての米国との意見の違いを埋めていく積極的方策を見いだせないまま、内閣不信任案の可決から総選挙へと突入し、やがて急死するのである。

4 「日米同盟」路線強化へ

†レーガン政権とシーレーン問題

第二次冷戦と言われる状況の中で、米国の日本に対する防衛力増強要請は厳しさを増していた。折からの日米経済摩擦の激化もあって、日米関係は八〇年代に入ると相当難しい状況になっていた。そうした中で、カーター政権に替わってロナルド・レーガン政権が誕生したことで、米政府の対日防衛力増強要請は内容が変わってきた。すなわち日本を欧州並みの扱いにしようとするのと同時に、日米役割分担を求めてきたのである。

カーター政権時代の防衛力増強要請は、具体的数字を示して防衛費増額を求めるという形をとっていた。しかし結果としてそれは明確な効果を生まなかった。そこでレーガン政権は日本を公然と批判することを避け、GNPの何パーセントといった数字を重視した防衛力増強要請よりも、役割と任務ということを基礎に防衛協力について協議するという政策に移行したのである。すでに八一年度国防報告の中でブラウン国防長官は、ペルシャ湾地域などの紛争発生に備えた緊急展開部隊の創設と並んで、対ソ封じ込めについての日米欧の共同作戦努力を呼びかけていた。レーガン政権は、シーレーン防衛問題を中心にこれを徹底して進めるとともに、日本を欧州並みに扱うことで自発的協力を誘おうと考えたのである。

さて、このシーレーン問題と地域防衛分担問題だが、これについては先の日米ガイドラインが大きな意味を持つことになった。すなわちガイドラインでは前述のように、防衛大綱の範囲を超えて海上交通保護の問題に踏み込んでいたが、実はそれにとどまらなかった。海上交通保護を述べた部分は英文では次のようになっている。

"(b) Maritime Operations:
The Maritime Self-Defense Force (MSDF) and U.S. Navy will jointly conduct maritime operations for the defense of surrounding waters and the protection of sea lines of communication."（下線引用者）

下線部の"sea lines of communication"とは軍事用語で、艦隊または前方の基地に対する兵站線という意味で使われていた。"sea lines of communication"は略してＳＬＯＣと呼ばれるが、これを保護する任務を担うということは、米国海軍の行う軍事物資補給行動に対しても保護・協力することを意味するのである。ガイドライン策定時の海上幕僚長であった大賀良平はシーレーン防衛がＳＬＯＣであることを説明した上で、「同盟国アメリカとは、宏大な太平洋

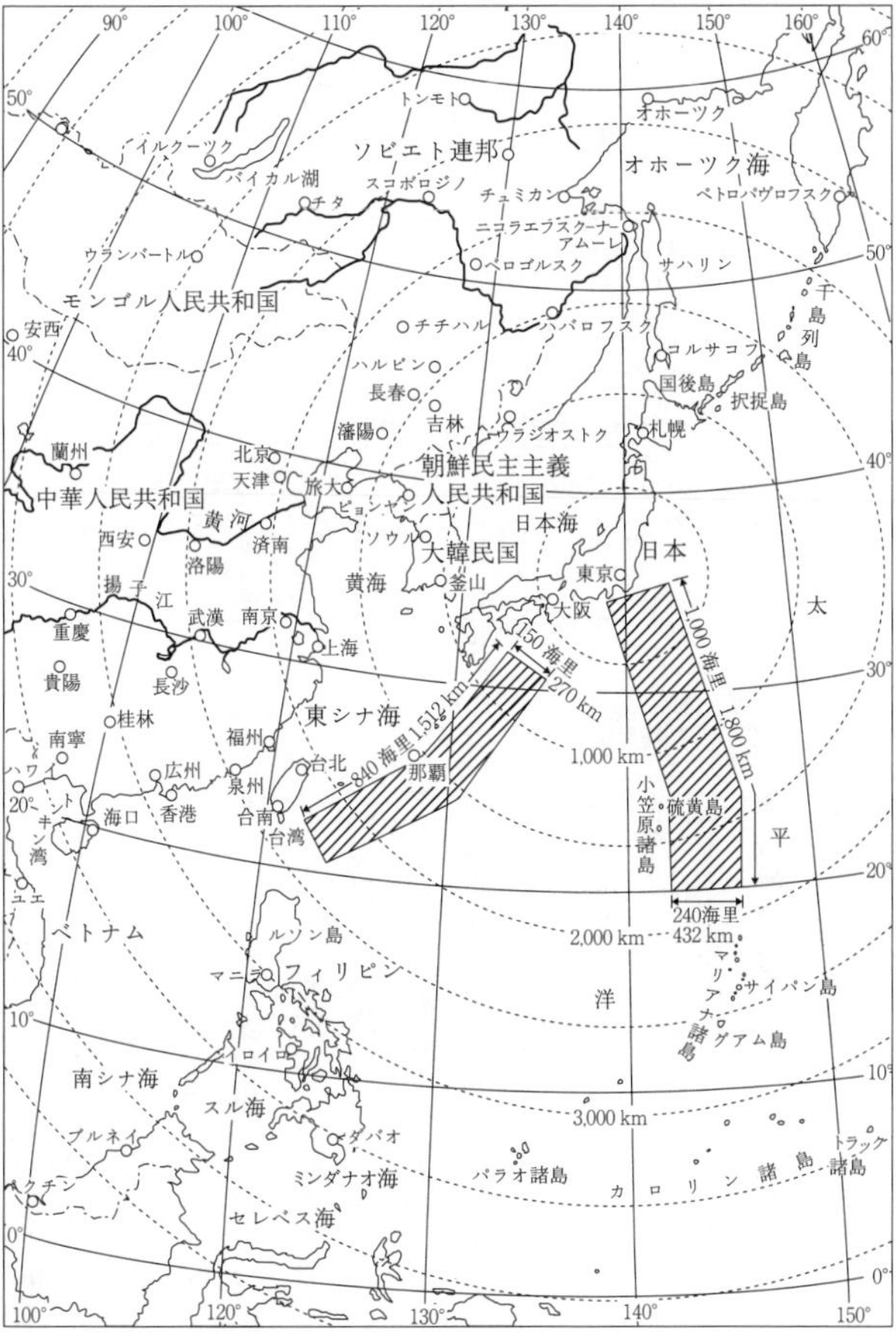

図12　航路帯（出典）海原治『私の国防白書』

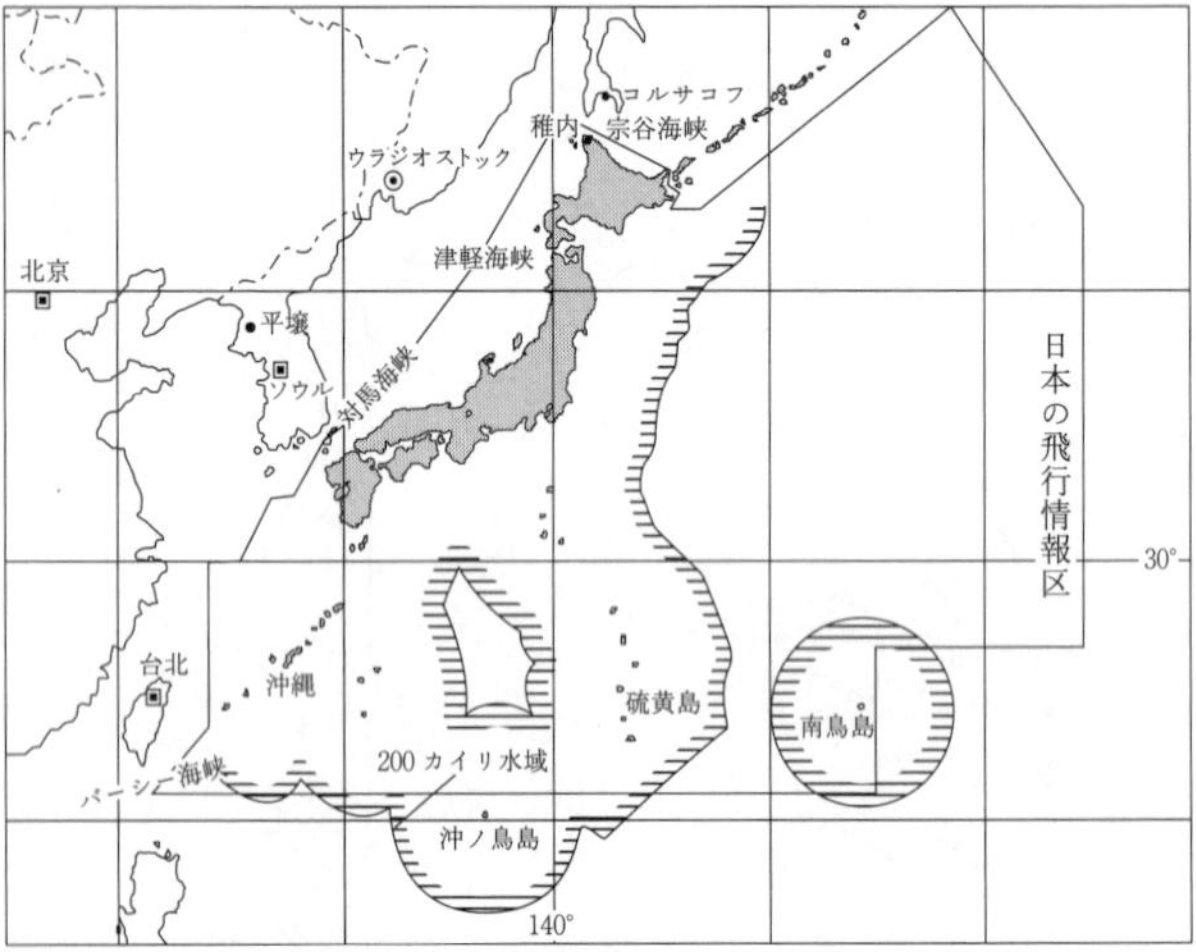

図13　シーレーン防衛要図（出典）大賀良平『シーレーンの秘密』

を介して結ばれ、その兵力の前進展開が必要であり、日本の生存と軍事戦略上のシーレーンの確保が日本の防衛上死活的な意義を持つ」（傍点引用者）と述べている。また、別のところでは、後に問題となる一〇〇〇カイリ防衛という範囲は自衛艦の二日間の行動距離に過ぎず、「海上における優勢の維持」と「シーレーンの安全の確保」の二つがかつての制海権に代わる概念であり、海軍の目標となったと説明している。シーレーンを海上物資輸送のルートである「航路帯」（図12参照）と考え、シーレーン防衛イコール航路帯防衛とよく考えられているが、少なくとも海上自衛隊幹部はそのように認識していなかった（図13参照）。そしてこの点が、後に問題になるのである。

†鈴木内閣と日米関係の悪化

大平内閣の後継は、当時の自民党内の複雑な勢力関係を反映して大平と同じ宏池会から鈴木善幸が選出された。鈴木内閣は、基本課題に財政再建と行政改革を掲げ、防衛力整備には消極的であった。防衛問題についての基本方針は大平政権の踏襲であり、たとえば八〇年一二月に総合安全保障会議を設置するなど「総合安全保障政策」を継承する姿勢を示している。ただそれは、鈴木自身が防衛問題について明確な方針を持たなかったことを意味した。鈴木はこれまで党務が長く、外交問題での経験は農業問題（とくに水産）がほとんどであり、防衛問題については経験も浅かった。大平が、総合安全保障論という自らの安全保障論を持とうとしたことに比べると、これ以後の展開を見ても鈴木の対応は対症療法的であったと言える。

このような鈴木政権と、シーレーン問題を中心に防衛地域分担を求めるレーガン政権との間で考え方の違いが明確になったのが、八一年五月に行われた日米首脳会談であった。このときの会談で鈴木首相はレーガン大統領に対し、日本としては米国と国際情勢への認識は一致しており防衛力増強の必要性は理解しているが、財政や国内政治的制約から防衛費の突出はできないと説明した。これに対し、米国側は日本に対して日本周辺海域についての責任を日本が負ってくれれば、それで負担が軽くなった米海軍がインド洋方面に展開できる、と述べて防衛地域分担を求めたのである。

　これに対して鈴木はすぐに承知したわけではなく、日本としても防衛努力は行うが日本の国内問題にも配慮してほしいと述べている。つまり、米国の要請に対して明確な言質を与えていたわけではなかった。しかし、問題はこの後に生じた。初めて日米を「同盟」と謳った共同声明の第八項で「両者は、日本の防衛並びに極東の平和及び安定を確保するに当たり、日米両国間において適切な役割の分担が望ましいことを認めた。首相は、日本は、自主的にかつその憲法及び基本的な防衛政策に従って、日本の領域及び周辺海・空域における防衛力を改善し、並びに在日米軍の財政的負担をさらに軽減するため、なお一層の努力を行うよう努める旨述べた」と書かれていた点について、日本政府の説明が混乱したのである。

　首脳会談後の記者会見で鈴木は「少なくとも日本の庭先である周辺の海域を自分で守るのは当然で、周辺海域数百マイル及びシーレーンについては約一〇〇〇マイルについて、憲法を踏まえつつ自衛の範囲内で防衛力を強化する、という政策を推進している」と述べた。これによってシーレーン防衛が日米の役割分担の内容だと米国には受け取られたのである。米国のシーレーン防衛は、前述のSLOCの問題である。しかし鈴木の理解は、日本に対する物資輸送路、すなわち航路帯としか考えていなかった。これを守る努力はするが、それ以上踏み込んだ日米協力には鈴木はきわめて消極的であった。だが、記者会見での鈴木の発言で米国はシーレーン防衛に関する役割分担についての合意ができたと解釈したわけである。

鈴木は帰国後、軍事的な役割分担について否定し、共同声明は首脳会談終了前にすでに出来上がっており、自分の意見が反映されていないと外務省を批判する。こうして最終的には、伊東正義外相が辞任する騒ぎになったのである。この混乱の結果、日米関係はこの時期、経済摩擦の激化もあって悪化する。鈴木政権は米国の不信を買ってしまう結果になったのである。

†実務協力の進展

鈴木政権に対する米国の不満・不信が高まっていた一方で、防衛の制服組を中心とした実務面の協力は、海空自衛隊、とくに海を中心にすでに相当進展していた。海上自衛隊は八〇年春の環太平洋合同演習（リムパック80）に参加し、海上防衛に関する日米協力はさらに進展を見ていた。また米国防総省当局は、ソ連の侵攻を想定した日米共同作戦計画が制服レベルで策定が進んでいると述べて、青森県三沢では航空自衛隊と米ハワイ州空軍との共同訓練も始まった。海上自衛隊が計画している新護衛艦の内容が、ヘリコプターを搭載したミサイル艦で、米の求める対潜、対空能力を考慮したものになっているのも、日米の意思疎通の表れであった。しかも領空の警察行動を行う迎撃戦闘機に空対空ミサイルの実弾を装備することが発表され、海上自衛隊でも、矢田次夫海幕長が艦艇や哨戒機に実弾魚雷の積み込みを開始すると述べるなど、まるで米国に呼応して部隊が臨戦態勢で臨んでいるかのような展開になっていた。

また、軍事技術の情報交換拡充と兵器の共通化の大幅拡充も、この頃から進展している。さらに、護衛艦隊の対空・対艦能力強化のため、既存艦にミサイルを積載する艦艇近代化計画（FRAM）推進の方向も防衛庁で決まった。ちなみに、八一年二月六日の閣議で、自衛隊制服組の意見をよく聞いて政府との間の風通しをよくすべきといった発言が相次いで、鈴木首相も対話に意欲を示したという報道が行われているが、これなどは以前と比べて制服組の立場が向上したことを明確に示している。つまり、政府首脳が日米協力進展に踏み切れずにいる一方で、制服組を中心とした実務者間では、可能な部分から具体的な協力が進められていたのである。

さらに言えば、前述の共同宣言問題でも明らかなように、外務省は日米協力を進展させるべきだという方針の下にあった。したがって、問題は政府がこの問題にどれほど踏み込めるかになっていた。こうした中、六月にハワイで開催された日米安保事務レベル協議では、米国から日本に対し、「(a)日本領土の防衛のための効果的かつ抗たん的（攻撃を受けた時、組織的機態を維持する能力――引用者注）な通常戦闘能力及び(b)日本周辺海域ならびに北西太平洋千マイル以内のシーレーンをバックファイアー及び原潜を含むソ連の脅威に対し『効果的に防衛するに十分な』海上及び航空兵力、を提供することを期待する」との防衛努力増強要請がなされた。

このときの協議では軍事技術交流や在韓米軍支援問題、在日米軍への財政援助（いわゆるホスト・ネーション・サポート）など、より広範に日本に対する要請が行われているが、その後も鈴木内閣の日米防衛協力に消極的という基本姿勢に変化はなかった。実務面で可能な範囲の日米協力はすでに進められていたが、いっそうの日米協力には、もはや「政治」の判断が必要な段階に来ていた。日米協力の進展に対する政治判断がなければ、経済摩擦の激化を背景に日米関係のさらなる悪化は避けられない事態に至っていたのである。そこに登場したのが中曽根内閣であった。中曽根は首相就任直後から、積極的に対米関係改善のために動いていくのである。

†中曽根内閣と防衛分担問題

鈴木内閣の総辞職後、中曽根が八二年一一月二七日に首相に就任し、翌八三年一月に訪米するが、その直前の一月一四日、八一年六月のSSCで米国から提案されていた軍事技術交流の問題について対米武器技術供与の決定を行った。実際八一年六月のSSCの後、米国から示された要請に対してどう応えるかの協議は政府内でほとんど進められていなかったが、中曽根は訪米にあたって、その中の重要懸案の一つについて応えたわけである。その上で訪米しレーガン大統領との首脳会談で同盟関係の確認を行ったが、中曽根が米国に強烈にアピールしたのは、やはりワシントン・ポストとの会見記事においてであった。

この中で日本は不沈空母になるという発言や（不沈空母という言葉自体は使われなかったことが後で

判明した）、かつて鈴木・ワインバーガー会談でキャスパー・ワインバーガーから出されたグアム以西の海域保護の問題にまで言及した。これらの発言は日本国内では大きな物議を醸した一方で、日本が明確に米国との共同行動に乗り出したものとして、米国では大いに歓迎された。中曽根は「ワシントンの深刻な不信と猜疑の重苦しい雰囲気を払拭するにはふつうの手段ではたっぷり二年はかかったでしょう。それが、あの一言で鬱積が吹っ飛んで青空のようにすっきりした」と回想しているが、たしかに日米関係改善に大きな効果があったのは間違いない。

ところで中曽根は、日本のナショナリズムへの配慮を基礎においた自主防衛論者であった。首相就任後の日米協力の進展で、中曽根は自主防衛から日米同盟に変心したのかという疑問がしばしばなされている。実際はどうであろうか。防衛庁長官時代の中曽根の考え方を説明した部分ですでに述べたように、中曽根の自主防衛論にはいくつかの重要な特徴があった。それがナショナリズムへの配慮という問題と、目指す国家観が欧州をモデルとした自律的な国家像ということであった。ナショナリズムへの配慮という点では、ナショナリズム高揚のシンボルとしての基地問題を解決するために在日米軍基地の自衛隊への移管を主張した。それ自体はできなかったが、七三年に合意を得た「関東計画」を中心とした基地縮小整理の進展で、いわゆる「基地問題」は、本土においてはほぼ解消していた。これは中曽根にとって、ナショナリズムのくびきからかなり自由になったことを意味している。スローガンとしての自主を掲げ続ける必要性が大幅に減少したのである。

一方で、このとき米国から求められていたのは、前述のように欧州並みの対ソ共同作戦への参加であった。米国から欧州並みの国家として遇されることは防衛庁長官時代から中曽根自身が主張し、求めていたことでもあった。そして中曽根が進めようとしたのが、まさに日米が対等の立場に立った共同作戦行動であった。中曽根は、先の不沈空母発言の意味について次のように語っている。

「あのときの私の発言というのは、『日本の防衛のコンセプトの中には海峡やシーレーンの防衛問題もあるが、基本は日本列島の上空をカバーしてソ連のバックファイアーの侵入を許さないことだと考えている。バックファイアーの性能は強力であり、もしこれが有事の際に、日本列島や太平洋上で威力を発揮すれば日米の防衛協力体制はかなりの打撃を受けることを想定せざるを得ない。したがって、万一有事の際は、日本列島を敵性外国航空機の侵入を許さないよう周辺に高い壁を持った大きな船のようなものにする』という意味のものだったんです。」

これは日本列島が盾になって、バックファイアーを中心とするソ連航空戦力に対して封じ込めを行うという意味に他ならない。レーガン政権に応えた自発的な欧州並みの対米軍事協力・共同行動であり、日米安保体制に依存した六〇年代の日米安保中心論とはまったく異なる立場に立つものであった。対米対等性の確立を重視していた中曽根にとって、自らの考えに合致する姿勢であったのである。八三年三月には日米防衛協力小委員会でシーレーン防衛の共同研究実施が合意され、航空自衛隊（八三年）や海上自衛隊（八四年）による日米共同指揮所訓練も行なわれた。青森県三沢基地への米空軍F16戦闘機配備も進められている。八七年には対米武器技術供与決定に基づき、次期支援戦闘機FSXの共同開発も合意された。こうして中曽根内閣の成立以降、旧大綱に結実した本土防衛中心の自主防衛論と旧ガイドラインに結実した日米協力中心論の対立は、日米同盟路線の明確化の方向へと解消されることになったのである。

†防衛大綱の実質的変質

中曽根内閣でガイドラインの日米協力を中心に据えた結果、防衛大綱の内容は大きく変質していくことになった。たとえば、日米防衛協力強化に関して米国で評価が高かったのが八五年の中期防衛力整備計画決定と、それを担保するものとしての防衛費GNP一パーセント突破（八六年）である。前者は五三中業、五六中業という二つの中業（中期業務見積り）を経て、八六年から九〇年までの防衛力整備に関する計画で、当初は五九中業とされていたものである。これが国防会議と閣議の決定を得て政府計画まで格上げされて中期防衛力整備計画となった。防衛大綱決定後、前述のように防衛計画に関する主導権を握るために、防衛庁内部資料として中業は考えられていた。しかし政府計画となったことで、実質的に四次防までの整備計画と同じ計画方式に戻ったことになった。カーター政権時代に中業の繰上げ実施・政府計画への格上げを求めた米国の要請に応えたわけである。ただし、政府計画となったことで大蔵省をはじめとした他省庁の影響が再び及びやすくなった。なぜ中業の方式になったのかという経緯が早くも忘れられたか、あるいは軽視されてしまっていた。

大綱の変質は計画方式の面だけではなかった。中期防衛力整備計画はその整備方針で、「『防衛計画の大綱』の基本的枠組みの下、これに定める防衛力の水準の達成を図ることを目標とする」と、大綱を基礎に置くと述べていた。しかしその後で「国際軍事情勢及び諸外国の技術水準の動向を考慮し、これに対応し得る効率的な防衛力の整備を図るため、陸上、海上及び航空自衛隊のそれぞれの各種防衛機能について改めて精査し、資源の重点配分に努める。このほか、各自衛隊の有機的協力体制の促進及び統合運用効果の発揮につき特に配慮するものとする」となっていた。これにしたがって、たとえば日米防衛協力の中心になっている海上自衛隊については、「2．周辺海域の防衛能力及び海上交通の安全確保能力」として、「（1）艦艇による防衛能力を充実近代化するため、護衛艦、潜水艦、掃海艇、ミサイル艇、補給艦等を建造する。護衛艦の建造に当たっては、対潜能力の充実とともに、対艦及び対空能力を向上するためミサイル装備化を推進する。その際、別途行う洋上防空体制の在り方に関する検討結果を踏まえ、護衛艦の対空ミサイル・システムの性能向上について検討の上、必要な措置を講ずる。（2）

航空機による防衛能力を充実近代化するため、固定翼対潜哨戒機（P―3C）、対潜ヘリコプター（新対潜ヘリコプター〔艦載型〕を含む。）、掃海ヘリコプター（MH―53E）を整備する」となっていた。

前述のように、「限定的かつ小規模な侵略」に対応した基盤的防衛力を前提とした防衛大綱は、日米協力ではなくあくまで本土防衛が基本であった。したがって沿岸や周辺海域の防護が中心であり、海上護衛も固定翼機などによる航空兵力でカバーできる範囲が考えられていたに過ぎない。しかし中期防衛力整備計画では海上交通保護が重要目標となり、対空能力向上に力点が置かれていた。これがやがてイージス艦の導入につながるわけである。しかも中期防衛力整備計画が国防会議及び閣議で決定された八五年九月一八日には、F15の取得機数が一五五機から一八七機へ、P―3Cに至っては七五機から一〇〇機へと変更された。これによって対潜・対空におけるソ連の封じ込め体制整備が成立したのである。

すなわち中期防衛力整備計画は大綱を土台にすると述べながらも、実質的には日米協力強化の方針の下で対ソ封じ込めを可能にする防衛力整備を行うことを決めたものであった。実際、シーレーン防衛を中心に日米の防衛協力に踏み出したことで、本土防衛中心に構想された防衛大綱との齟齬が生じることは明らかであった。

前述の「平和時の防衛力」を前提に、緊張緩和の時期に策定された防衛大綱は、ほぼ同時に決定された「防衛費一パーセント」とともに、防衛費増大を抑制するものと受け止められていた。したがって国会では政府の防衛力増強に対して、野党は防衛大綱に反するという批判を行っていた。そこでまだ冷戦が続いていた時期にあって、国会で激しい議論を巻き起こす可能性のある大綱の修正には踏み込まず、実質的にその変質が進められたわけである。

予算増額に伴って装備を充実させた自衛隊、とくに海上自衛隊は米国との連携をいっそう強めていく。日米合同による実戦的な訓練もしばしば行われた。こうした訓練の様子は当然ソ連も監視しており、逆に日米海軍もそれを意識して訓練を行っていた。日米海軍の練度の高さをソ連に見せつけていたわけである。こうして制海・制空能力の向上によって、日本は米軍と協力して冷戦を「戦った」のである。

†冷戦終了と自衛隊

これまで見てきたように、日米協力は八〇年代に一気に進展した。それは、防衛庁・自衛隊の実務者及び外務省と、政府の中心である中曽根首相が日米協力の方針で一致して進めたためである。その結果、日米は冷戦に「勝利」を収めた。ではこのことは自衛隊に、そして政治と自衛隊の関係にどのような影響を及ぼしたのだろうか。

まず言えることは、日米防衛協力における海上自衛隊の役割の大きさである。そもそも米海軍との共同行動を前提として誕生・発展してきた海上自衛隊は、その能力を遺憾なく発揮し、米海軍の期待に応えたと言っていいだろう。日米安保体制の実質は「Navy to Navy」の関係であると評する外交関係者がいるほど、日米「海軍」の協力は密接であった。しかし一方でそれは、日米防衛協力における海上自衛隊の活動が突出していたことも意味している。実はシーレーン防衛の内容に関しては、防衛庁内局でも「航路帯」の防衛という認識が中心であった。内局官僚の中心は防衛大綱を基本に考えており、それを超えた日米協力が実質的に行われるとは考えていなかった。また、海上自衛隊を中心とする日本の防衛力の実力からしても、それを超えたシーレーン防衛は無理であろうと判断していたのである。海上自衛隊はそういった内局の判断を超えて、実質的に米海軍との協力を進めていったようである。

さて、以上のことが次の問題を生じた。第二次冷戦では、海上自衛隊の基本構想にあったシーレーン防衛の推進が実質的な日米防衛協力の内容になったため、海上自衛隊が日米協力の中心になるのは当然ではあった。しかし米軍との協力が必要な航空自衛隊は別として、本土防衛を基本とする陸上自衛隊の果たすべき役割は少なかった。陸上自衛隊と海上自衛隊は、防衛に関する基本構想が異なっていたことはこれまで述べてきたが、八〇年代の日米協力の進展は、ソ連を主敵とした第二次冷戦下において、日本の自衛隊の基本戦略には海上自衛隊の防衛基本構想が据えられたことを意味した。

それならば、冷戦が終了してソ連という敵がいなくなったとき、日本の防衛戦略はいかにあるべきか、再び検討されねばならない。内局がこだわる防衛大綱に沿って本土防衛中心になるのか、シーレーン防衛という役割を果たした海上自衛隊の役割はどうなるのか、冷戦終了後の国際情勢を踏まえた議論が必要であった。では果たして、どのような議論が展開されたのか、そして自衛隊は冷戦終了後の国際情勢の中で、日本の安全保障政策においてどのような位置づけを与えられることになったのだろうか。ここで再び問題になるのが政治の役割である。

五五年体制下の利益誘導政治の遂行に忙しく、外交政策にほとんど関心を持たない多くの政治家に対する官僚側の不信という問題も大きかった。たとえば、冷戦終了直後の重大な国際問題となった湾岸戦争において、自衛隊の派遣に消極的であったと言われる栗山尚一《たかかず》元外務次官は、自衛隊の使用に関して問題となるシビリアンコントロールについて問われた際、「具体的には、総理大臣がきちんとやれるかどうかということですね」と答えている。官僚機構における意見対立があった際、五五年体制下では官僚機構内部を中心に総合調整が行われるが、国家の基本戦略については政治家が積極的に関与しなければならないはずであった。しかし、五五年体制の下、一部を除いて国内政治にのみ多くの力を注いできた政治家にその力量は不足しており、容易に安全保障問題、とくにその基礎となる日本の基本的外交戦略は収斂する傾向を見せなかった。こうした状況で、日本は冷戦終了後の国際政治に入っていくことになったのである。

第四章
冷戦終焉
——激動する内外情勢への対応

国連主導で総選挙を行うカンボジアに向け、自衛隊初のPKO海外派遣部隊が広島・呉港を出発（1992年9月17日、写真提供=共同通信）

1　冷戦終了後の新たな課題

†海外派遣される自衛隊

日米安保体制は、ソ連を仮想敵として存在意義を持っていたが、冷戦の終了によってその意義が再検討されることになった。しかも、欧州を中心とする軍縮の趨勢によって、日本の防衛力も縮小を目指す方向で検討されることになる。ただ、実際は、冷戦終了の翌年から始まる湾岸危機・湾岸戦争の中で、今度は国際貢献として自衛隊を派遣することの是非について、日本国内は大きな混乱に陥る。こうして、「規模縮小」と「国際貢献への任務拡大」を前提とした自衛隊の役割の再検討が冷戦終了後の重要な検討課題となった。最初に直面したのが後者の国際貢献問題なので、こちらから検討していこう。

さて、日本は憲法制定時から国連との関係が議論されてきたのは、これまで述べたとおりである。独立した国家として、国連の集団安全保障機能に頼るだけでなく、国連憲章にある義務を積極的に果たすべきであるという主張もなされた。しかし、やがて定着する非軍事の平和主義思想の下で、こういった議論は埋没していった。

そもそも冷戦というのは、米ソが自由主義と社会主義を掲げて対立していただけでなく、核という究極の兵器を持って対峙していた状況であった。米ソ核戦争が人類破滅につながるという恐怖が冷戦時代は続いており、核戦争に結びつく可能性がある在来兵器による紛争も、米ソが可能な限り抑え込んでいた、いわば「長い平和」の時期でもあった。それが米ソ対立という重しがなくなり、各地における民族対立・部族紛争などがたちまち噴出する状況になったのである。冷戦終了は決して「平和」をもたらしたわけではなかった。一方で、国連の活性化も期待された。冷戦で機能低下した国連が、本来の役割を果たす可能性が考えられたのである。

さて、六〇年代の高度経済成長による経済大国化で、日本は国際社会の中における重要性を増大させてきた。世界の政治経済に影響力を持つ国として、またその経済活動が安定した国際社会の恩恵を受けている立場として、経済力にみあった国際貢献を求められる存在となっていったのである。それは、七〇年代に急速に増大させた政府開発援助（ODA）を中心とした開発支援政策に代表されるが、もう一つ、国連の平和維持活動をはじめとした国際社会の平和と安全への貢献も検討されるようになっていた。

実際、外務省では国連加盟後の早い時期から、日本が国連の活動に協力できないかという考え方が存在しており、それが七〇年代になるとかなり積極的に検討されるようになっていた。

ただしそれはあくまで外務省内にとどまるもので、政府全体に及ぶものではなかった。また、国連の平和維持活動への協力といっても、自衛隊を派遣すべきかどうかという問題については、必ずしも統一した見解があるわけではなかった。むしろ、「日米防衛協力のための指針」の協議にあたって、日本本土防衛の五条事態だけではなく、極東条項に関する六条事態についても検討しようという米側の要請を抑えて本土防衛に絞ったのは外務省であった。それは当時の日本政治の状況を考えた上での判断であり、そうしたことを考えれば、自衛隊派遣には慎重にならざるを得なかった。ただ、冷戦下での日米協力の進展と並行して、経済援助にとどまらない国際貢献のあり方が模索されていたことは事実である。

八〇年代になると、日米安保の枠を外れた問題で自衛隊の派遣が検討される事態が出現した。イラン・イラク戦争によるペルシャ湾の機雷掃海問題である。イランとイラクの戦争が長期化し、ペルシャ湾に機雷が敷設されて石油を積んだタンカーの安全航行上の大きな問題になっていた。そして八七年、日米同盟を掲げて良好な関係にあったレーガン政権から中曽根政権に対し、ペルシャ湾における機雷除去への協力が求められたのである。この要請を受けるとなれば、自衛隊が訓練以外の目的で海外に派遣されることとなる。

中曽根首相や外務省は自衛隊派遣に前向きであったが、派遣の根拠となる法的枠組みや、停戦が成立していない地域に自衛隊が派遣されて戦争に巻き込まれる危険などもあって、後藤田正晴官房長官が強硬に反対し、結局見送られたことはよく知られている。ちなみに、後藤田長官は警察予備隊創設に深く関与した人物であるが、自衛隊の海外派遣問題には後述のPKOも含めてきわめて慎重な立場である。六〇年代までの防衛庁で大きな影響力を持っていた海原治と旧内務省の同期であるが、制服組の活動を抑えようとする姿勢はこの世代に共通している。「軍事」組織への徹底した不信感を持っていたようである。

さて、八七年一一月に成立した竹下登内閣は「日本外交の三本柱」を打ち出していた。これは「世界に貢献する日本」を掲げ、「平和への協力、経済協力、国際交流」を外交の三本柱と位置づけて積極的に推進しようとしたのである。このうち「平和への協力」は国連の平和維持活動が念頭にあり、ゴルバチョフの登場による冷戦情勢の変化とカンボジア和平問題の進展などをにらんで、日本が地域の平和構築に積極的に関与すべきことを外務省が竹下首相に進言した結果であった。ただし、ここでの議論もやはり外務省の中にとどまり、国連の平和維持活動と自衛隊の関係について具体的に政府内で議論が進められる段階までは至っていなかった。一方で防衛庁では、まだ国連の活動への参加などの具体的検討は行われておらず、外務省とのこの問題での温度差は明らかであった。

こうして自衛隊の活動の場が拡大する可能性が生じた中で冷戦終了を迎えた。そして日米安保や自衛隊の役割の再検討という状況になったわけだが、こういった課題をじっくり検討する時間は与えられなかった。むしろ当時の議論を大混乱させる問題が出現した。湾岸戦争の勃発である。中東というきわめて重要な地域で起こった問題に、日本が具体的にどのような協力ができるのか、まさに日本の危機対応能力が問われた事態であった。しかし、結局増税まで行って提供した資金援助は国際社会で高い評価を得られず、日本自身も深い挫折感を味わうことになったのである。

実は九〇年八月二日、イラクがクウェートを占領したとき、当初の日本政府の対応ぶりは迅速であったと言えるだろう。当時の海部俊樹内閣は、ブッシュ大統領からのイラク制裁への同調要請を受け、国連安保理が経済制裁を決議するより早く、八月五日に石油輸入禁止や経済援助凍結などを内容とする対イラク制裁案を決定し、発表している。しかし、米国が多国籍軍結成を呼びかけ、英国が派兵決定、NATOも同調という具合に、軍事的対応が表面化するにしたがって日本の対応は混迷していくことになるのである。

湾岸に展開する多国籍軍に参加する国が増加する一方で、資金援助を小出しに拠出するのみで人的貢献がない日本に対して、米国を中心とした圧力は日に日に増加し、政府・与党も自衛隊派遣を中心とした人的貢献を早急に実施する必要に迫られる。前述のように、外務省ではそれ以前に自衛隊の派遣も含めた国連の平和維持活動への参加が検討されてはいたが、あくまでそれは検討段階にとどまり、防衛庁や内閣法制局といった関係部局と詰めた議論をしたわけではなかった。ましてこのときは停戦が成立した後のPKOではなく、戦闘が予想される状況での派遣であった。自衛隊自身が戦闘に参加しないことを前提としても、海外派遣が憲法上許されるのかについては大いに意見が分かれた。そこで展開されたのが、派遣される自衛隊隊員の身分に関する議論である。

憲法の制約や海部首相の「ハト派」的心情といった政治的配慮から、派遣される隊員を自衛隊から切り離して「出向・休職」にしようという外務省と、自衛隊の身分を残した「併任」の形にこだわる防衛庁が対立した。防衛庁は、自衛隊に所属する船舶や航空機の操縦、部隊活動での指揮命令、銃器の扱いなどは自衛隊の身分がなければできないと主張した。その背景には冷戦後の平和協力に対する仕事を別の組織に奪われるという懸念や、ようやく表舞台に出られるという期待、さらに危険な地域への派遣を安易に身分を変えて行えば、保険制度をはじめ隊員の利害にもかかわる問題が生じることになるという恐れなど、さまざまな考えがあった。また、法的に細々とした制約が課せられていた自衛隊が行動する場合、そういった法律を一つ一つクリアする必要もあった。それは大変な作業になるのである。

そして海部首相が「業務委託」で行くと発表した後に、自民党側から批判があって結局防衛庁の主張する「併任」の形で決まるという混乱を生じた。しかも、急遽作られた「国連平和協力法案」は国会審議でも政府答弁の食い違いなどの混乱を生じ、結局廃案となる。湾岸戦争での自衛隊派遣が行われることはなかったのである。

しかし湾岸戦争は、当時の日本政治に大きな混乱を巻き起こしただけではなかった。湾岸戦争の歴史的意味は、その後の日本政治、とくに安全保障政策に大きな影響を及ぼしたことにある。それは政治のレベルでは「too little too late」という批判を受けたこと、行った資金提供の大きさに比べて国際的評価があまりに低かったことで、米国の要請にはなるべく早く応えねばならないという「湾岸戦争のトラウマ」が残ったことである。これは後の9・11以後の展開への大きな布石となった。

また、国民意識に変化があったことはさらに大きな意味を持っている。すなわち、国民レベルでは、日本国内における「軍事」をめぐる議論に疑問を感じるようになったことが変化として挙げられる。湾岸戦争において米国主導の多国籍軍が結成されたことは、国連軍の創設がきわめて困難な状況において、国連の集団安全保障機能を発揮するための選択であったと言える。しかし日本は、軍事力の行使という点にのみ反応し、多国籍軍の中心である米国への批判的論調も目立った。いかなる理由にしろ軍事はダメ、軍隊は悪という戦後日本の平和主義の言説が、国際的常識とは大きく異なっていることが明らかになったのである。その結果、日本の国際協力が資金的なものだけではなく、人的貢献も行うべきであり、場合によっては自衛隊の派遣も必要であるという理解が進み、そうした考えを持つべきでないという従来のタブーを消していくことになった。ただし、湾岸戦争後すぐにそういった理解が進んだわけではなく、湾岸戦争後に国際社会の議論についての情報が浸透していくまでの時間は必要であった。そしてそれをさらに後押ししたのが、実際に行われた自衛隊派遣の成功であったのである。

湾岸戦争のとき、イラクはクウェート沿岸に一二〇〇個の機雷を敷設したと言われている。それはペルシャ湾の航行の安全を阻害する重大な脅威となっていた。米、英、イタリア、ドイツ、オランダ、サウジアラビア、トルコ、フランス、ベルギーといった国が掃海活動を行っていたが、機雷の数が多く、熱帯での作業は困難を極めていた。また、本来であれば中東に石油の七割を依存している日本こそが、ペルシャ湾の安全航行に重大な利益を持っているはずであるのに、日本が掃海に参加しないのは問題であるという批判も生じていた。湾岸戦争の最中には結局人的貢献ができなかった日本としては、戦争が終了したことで海上自衛隊の掃海部隊派遣の条件が整ったと考えられた。国内での批判を考慮して極秘に準備が進められ、九一年四月六隻の掃海艇部隊が派遣されたのである。まだ自衛隊の海外派遣に関する法的整備はまったくなく、自衛隊法九九条の「機雷危険物の除去」が派遣の根拠であった。

自衛隊派遣反対派の漁船六〇隻が取り巻く中、呉を出航した六隻の掃海部隊は、一カ月と一日を費やし、七〇〇〇海里を航海してペルシャ湾に到着した。日本の部隊は、共同作戦を展開した各国の部隊や、機雷が敷設された沿岸各国から高い評価を得る。九月一一日に作業を終えて、一〇月三〇日呉港に帰着。海部首相や池田行彦防衛庁長官も出席したセレモニーで出迎えられた。自衛隊初の海外派遣はきわめて大きな成功を収めたのである。

ペルシャ湾での掃海にまして、国民に強い印象を与えたのがカンボジアにおける活動であった。カンボジア和平問題に積極的に関与した日本は、湾岸戦争を教訓に、カンボジア新政権が樹立されるための選挙の実施や現地の復興事業などに積極的に参加する方針を立てた。そして、これもまた湾岸戦争のときに廃案になった「国連平和協力法案」を教訓に、自民・公明・民社の三党で合意して政治条件を整備した上で、九二年六月「国際連合平和維持活動等に対する協力に関する法律」(国際平和協力法・PKO協力法)を成立させた。

国連のPKO自体は九二年三月からすでに始まっており、日本はPKO協力法成立後、七月一日に調査団派遣、九月八日の閣議決定を経て、一七日には呉からPKO部隊が出発するというあわただしさであった。ただしこのときは、本隊業務凍結や参加五原則といった、三党合意に導くための政治的配慮がなされた上での派遣であって、日本のPKO参加は厳しい制限の下で行われることになった。この点については後ほど改めて述べることにしたい。

いずれにしろ、陸上自衛隊を中心に派遣されたカンボジアPKOは、六〇〇人の部隊に対し取材のマスコミが三〇〇人派遣されるなど、異様な関心のもとに行われた。文民警察官と国連ボランティアに犠牲者が出たときは自衛隊の撤収も議論されたが、当時の宮澤喜一首相は継続と判断し、最終的に自衛隊には犠牲者は出なかった。選挙も成功裏に行われ、国連カンボジアPKOの活動は無事、成功した。カンボジア和平は、戦後日本外交の成功例として後にまで語られることになっただけでなく、自衛隊のPKO活動も国際的に高い評価を得ることができ、しかもそれが国内にも伝わることで、それ以後のPKO活動には大きな弾みがつくことになるのである。

ただし、PKO参加五原則などの制約の中で行われた活動を実施するにあたって、民間人の参加者をいかに保護するかをめぐって、自衛隊員が盾になって守る方法など、現地ではさまざまなことが考えられていた。実際の現場の状況と、日本国内で行われる議論のズレは、すでにこのときから生じているのである。

ペルシャ湾、カンボジアへの派遣成功以来、自衛隊の活動は国際的にも評価が高く、海外派遣も増加した。自衛隊の国際協力活動は、阪神淡路大震災以来重要性を増した災害派遣とともに、冷戦後の自衛隊の重要な活動に位置づけられることになった。しかし自衛隊のPKOには限界があるのも事実である。そもそも、自衛隊法に基づいて派遣されたペルシャ湾掃海は別であるが、PKO協力法成立によるカンボジア派遣でも、同法成立のために自民・民社・公明の三党が合意を得るため、本隊業務凍結や参加五原則という制限がつけられての派遣であった。PKO参加五原則とは次のようなものである。

①停戦の合意が成立している
②受け入れ国などの合意が存在している
③中立性を保って活動する
④上記①〜③のいずれかが満たされなくなった場合には、一時業務を中断し、短期間のうちに回復しない場合には、派遣を終了
⑤武器の使用は、自己または他の隊員の生命、身体の防衛のために必要な最小限のものに限る

実際、カンボジアで日本人二人の犠牲者が出た後は、前述のように自衛隊の引き上げが真剣に議論された。本隊業務凍結は現在解除され、武器使用の制限もその後の改正で現在はかなり緩和された。しかし、PKO活動を行っている諸外国に比べるとやはり武器使用の制限が多く、実際に派遣された自衛官で疑問を述べる者も多い。しかも、法的に自衛隊は軍隊ではないという位置づけから、武器の海外持ち出しには輸出にあたる手続きが必要になったり、派遣されている諸外国の部隊との連携に支障をきたすという問題もあった。何よりも、自らの身を守れるはずの軍事組織が、他国の軍隊に守ってもらわねば活動できないという状況は、何のために軍事組織を派遣しているのかという疑問すら生んだのである。

後述のように、二一世紀になって新たな脅威に対応するために策定された防衛計画の大綱

（二〇〇四年一二月）でも、国際協力活動は重要な位置づけを与えられた。しかしせっかくの派遣も、活動に制限があることや自己防衛能力の不足などから、諸外国からの評価が期待したほど高くならない可能性もある。実際、後述のように現在では単なるＰＫＯ活動にとどまらず、対テロ作戦の支援活動で海外に展開するようにもなっている。現状のような形での派遣を続けていくのは、限界に来ているとも言えるのである。

†日米安保体制の再検討

前述のように、冷戦終了という世界政治の構造的変換を反映して、自衛隊の規模縮小と国際貢献への任務拡大を前提として自衛隊の役割が再検討されることになった。そこで日本の安全保障政策を見直す目的で細川護熙《もりひろ》内閣によって創設されたのがアサヒビールの樋口廣太郎会長を座長とする「防衛問題懇談会」（以後「樋口懇談会」）であった。

ところで、細川内閣は九三年七月に成立した非自民の連立内閣である。冷戦終了は日本の国内政治にも影響を与え、八〇年代末からの政治改革の動きと連動して、日本政治は変革の時代に入っていた。そして九三年七月、宮澤内閣不信任が成立し、社会党も加えた細川連立内閣が成立したのである。万年野党で、これまで日米安保反対、自衛隊違憲の立場であった社会党が与党となり、政治的責任を負う立場になったことは、日本の安全保障論議にも変化の可能性を生じたことを意味していた。

さて、樋口懇談会のメンバーは次のとおりである（肩書きは当時のもの、カッコ内は主要な前職である）。

座長　樋口廣太郎　アサヒビール会長
座長代理　諸井虔　秩父セメント会長
委員　猪口邦子　上智大学教授
大河原良雄　経団連特別顧問（元駐米大使）
行天《ぎょうてん》豊雄　東京銀行会長（元大蔵省財務官）
佐久間一《まこと》　NTT特別参与（元統合幕僚会議議長）
西廣整輝　東京海上火災顧問（元防衛事務次官）
福川伸次　神戸製鋼副会長（元通商産業事務次官）
渡邊昭夫　青山学院大学教授（東京大学名誉教授）

この懇談会の議論に大きな影響を与えたのが委員にも任命された西廣であったと考えられる。西廣は防衛庁生え抜き組ではじめて次官に就任した人物で、海原治、久保卓也と並んで防衛庁を代表する防衛官僚の一人である。西廣は基盤的防衛力構想と旧防衛大綱の策定にも深く関与しており、防衛庁退官後も大きな影響力を持っていたと言われる。懇談会報告書の素案を書いたのは西廣とは以前から親しかった渡邊であり、懇談会の議論には当時の防衛庁の意向が大きく反映していると見ていいだろう。そして、ここで出た考え方が「多角的安全保障」であった。

これは大平内閣のときに検討された「総合安全保障論」をさらに発展させた内容を含んでいた。国際社会の平和と安定が日本の安全にも必要であり、国連を中心とした国際社会の平和と秩序を守るための行動を日本も積極的に行っていこうというものである。

こうした「多角的安全保障」が構想された背景には、冷戦下において日米安保体制の中で自主防衛のあり方を模索してきた防衛官僚の考え方があった。つまり、日米安保体制に過度に依存する姿勢を示すことは国民の理解を得ながら防衛力整備を推進することを困難にするというものである。多角的安全保障という考え方は、国連の重視という姿勢で表れていた。それは、西廣らとともに防衛計画の大綱策定にかかわってきた宝珠山昇元防衛施設庁長官の次のような言葉にも示されている。

「日本で国連中心主義というのは、日米安保一本槍では国論はまとまらない。防衛力整備についての支持さえも失いかねないということで、国連というのは日米安保と両立させながら説明をするテクニックとしてありますよ」（略）「国連を信頼できると思っているわけではありません。しかし、これを信頼できないから日米安保だということでは、コンセンサスというか、防衛に対する国民の支持を得られないというのが私どもの判断ですし、過去の歴史でもあります」(『宝珠山昇オーラルヒストリー』)

ここで多角的安全保障という考えが打ち出されたことは、戦後の日本の安全保障政策において、今後大きく二つの流れができることを表していた。それは前述の渡邊の言葉を借りれば、戦後の有事法制である「武力事態対処法に代表されるような『国土防衛』の体制・態勢を整備することを目指す流れ」と、「対テロ特別措置法やイラク人道支援特別措置法に行きつく流れ――「国際安全保障」への日本の貢献を目指す流れ」である。前者の「『国土防衛』の体制・態勢を整備することを目指す流れ」は、従来から行われてきた防衛力整備の基本方針である。後者の「「国際安全保障」への日本の貢献を目指す流れ」は、これまで検討され、そして冷戦終了後にようやく始まった国連PKO活動などへの協力にとどまらなかった。後の米国の対イラク戦争によって、戦闘終了後の混乱が続くイラクに自衛隊が派遣されたことに代表されるような、自衛隊の従来の活動の枠を超えた任務に道を拓く可能性があるものであった。

実際、対テロ作戦などでは米軍をはじめとした他国の軍隊との協力が必要であり、協力の内容によっては憲法との関係で疑義を生じる恐れもはらむものであった。また、後述のように九六年に「日米安保共同宣言」が打ち出され、日米安保を国際公共財としてとらえ直す再定義が行われたが、それは後者の「「国際安全保障」への日本の貢献を目指す流れ」を推し進めるものであった。そしてこれ以後、朝鮮半島情勢の不安定化や、経済のみでなく軍事的にも大国となっていく中国の動向など、日本を取り巻く国際環境が次第に緊張の度合いが増していく中で、日本の国際平和への関与を進める政策が、日本自身の防衛という問題を抑える形で進められていくことになるのである。

ところで、以上のような重要な内容を持っていた「樋口懇談会」の報告書であったが、それが多角的安全保障を第一に置いていた点に米国の日米安保関係者は危惧の念を抱くことになる。「樋口懇談会」報告書がまとめられた九四年は朝鮮半島における核危機の時期と重なっており、東アジアにおける安全保障のために米国は日米協力のいっそうの強化を期待していたのである。すなわち、冷戦終了で欧州方面は軍縮機運が高まっていたが、アジアにおいては朝鮮の南北分断、大陸中国の共産党政権と台湾との対峙という冷戦下に作られた国際構造は変化しておらず、好調な経済を背景に軍備増強も進んでいた。ソ連という最大の脅威はなくなったとはいえ、アジアにおける安全保障環境は決して安定していなかったのである。

実際、日本で五五年体制が崩壊し、細川内閣、羽田孜内閣、そして自民・社会・さきがけの連立内閣である村山富市内閣の成立といった、めまぐるしく内閣が交代した時期は、北朝鮮の核開発をめぐる危機が最高潮に達し、米国のクリントン政権は、北朝鮮の核施設への軍事攻撃も検討していた。日米安保条約に基づいて日本への協力も求められたが、日本は法制が整っていないことを理由に断らざるを得ないという状況になっていたのである。いずれにしろ、不安定な東アジア情勢では、日米協力は不可欠と考えられた。

†九五年大綱と日米安保共同宣言、新ガイドライン

米国では九五年二月に、国防次官補であったジョセフ・ナイが「東アジア戦略報告」をまとめ、東アジアにおける一〇万人の米国軍隊のプレゼンスを維持することを明確にし、あわせて日本との日米安保再定義に関する交渉を進めた。その結果まとめられたのが、九五年一一月の防衛計画の大綱であり翌年四月の日米安保共同宣言であった。九五年大綱は、「効率化」による規模の縮小、国際貢献への任務拡大と並んで、日米安保の重視という点に大きな特徴を持っている。それはたとえば、七六年の旧大綱に比べて、九五年大綱では「日米安保体制の信頼性」という言葉が繰り返し述べられていることに如実に示されている。

さらに九六年四月の「日米安保共同宣言」では、「日米安保条約を基盤とする両国間の安全保障面の関係が、共通の安全保障上の目標を達成するとともに、二一世紀に向けてアジア太平洋地域において安定的で繁栄した情勢を維持するための基礎であり続けることを再確認した」と謳われ、国際秩序を守る国際公共財として日米安保体制が定義された。こうして、国際的な秩序や安定を維持することが、日米安保体制の目的とされることになったわけである。いわば、国際秩序という「グローバル・コモンズ」を守るという使命を、日米安保体制が担うことが明

らかにされたのである。日米安保条約における六条の持つ意味が、より明確にされたと言っていいだろう。これは当時、マスコミでは「日米安保再定義」と言われたが、政府は「日米安保再確認」という説明を行っていた。

九五年の防衛大綱、九六年の日米安保共同宣言の時期は、朝鮮半島情勢だけでなく台湾海峡危機も九六年三月に起こっており、東アジア情勢は混迷を深めていた。こうした国際情勢を背景に、日米は改めて日米防衛協力のあり方を具体的に検討する段階に入っていく。そしてまとめられたのが九七年九月二三日に日米安全保障協議委員会で承認された新ガイドラインである。新ガイドラインの特徴は、旧ガイドラインが当時の日本の政治状況を反映して、日米安保第五条の本土防衛を対象としたものが中心であったのに対し、新ガイドラインは第六条における事態を対象にしている点にあった。これが周辺事態である。

新ガイドラインの具体化に向けて、同月二六日「日米防衛協力の指針の実効性の確保について」が閣議決定され、「日米物品役務相互提供協定」をはじめ新ガイドラインに沿った法整備が進められた。そして九九年五月に成立し八月に施行されたのが「周辺事態安全確保法」であった。また、この間の九八年八月に北朝鮮が日本上空を越えるミサイル発射実験を行ったことで、北朝鮮に対する日本の脅威意識は高まり、折から課題になっていた米国の弾道ミサイル防衛に関しても、九八年一二月に日米で共同して技術研究にあたることが決められることになった。

ただし、新ガイドラインでは、「平素から行う協力」「日本に対する武力攻撃に際しての対処行動等」「日本周辺地域における事態で日本の平和と安全に重要な影響を与える場合（周辺事態）の協力」など、さまざまな日米協力が掲げられたが、「集団的自衛権は行使できない」という日本側の制約から、後方支援を中心としてまとめられた。米軍が圧倒的な力を持っている段階であり、日本の憲法上の制約からやむを得ないとなったわけだが、そもそも「後方」という概念が現実的に成立しうるのかを含め、武器弾薬の補給を行わないことなど、実戦時における有効性については、まだ課題を残すものであった。

ではこうして、日米協力を中心とした安全保障への取り組みが大いに進展していく一方で、日本本土の防衛に関してはどうなっていたのだろうか。前述のように、九三年に五五年体制が倒れ、非自民の細川連立内閣が成立したことに示されるように、この時期から日本の政界は再編期に入っていた。このことは、冷戦時代のようなイデオロギー対立によって硬直化した安全保障論から、より具体性を持った政策論議が展開されるようになったことを意味していた。実際、前述の周辺事態安全確保法にしても、安保条約六条を対象とするこのような法律は、冷戦時代であれば成立は困難であったと考えられる。安全保障問題について、国際的な「常識」に基づいた議論に、政治がまともに取り組む環境ができつつあったわけである。

ただし、それでは有事法制のような冷戦時代以来の課題が着実に進展したかというと、そうではなかった。連立政権の組み合わせが頻繁に変わるような政党の離合集散の中で、日米防衛協力問題への対応で、日本政治は手一杯の状況であったと言える。実際、先に整備されておくべき自国の有事の場合の法整備が遅れていることが問題になっていくのは、周辺事態に対処する法制が整備された後であった。これは有事法制という本来は第一にあたるべきではあるが国内的に波紋を起こしそうな課題は先送りして、次々に押し寄せる別の課題に対症療法的に対応していった結果でもあった。

そして二〇〇〇年三月、自民・自由・公明の三党は有事法制整備推進について合意する。森喜朗首相は四月の所信表明演説で有事法制に触れ、翌年一月の施政方針演説で有事立法の検討開始を表明する。しかしその後、冷戦時代以来の宿題であった有事法制が、有事（武力攻撃事態）関連三法案として実際に成立するのは、小泉内閣の成立、九・一一事件発生という激動を経た二〇〇三年六月であった。本土防衛という自衛隊の基本任務を行う場合の法的整備が、自衛隊成立後半世紀近くたってようやく成立したわけである。与野党対立で審議ができなかった冷戦時代から見れば大きく時代が変わったことを象徴しているが、しかし日米協力の進展に比べれば明らかに遅れていた。しかも、後述のようにこのとき成立した有事法制は、国民保護に関する規定が未整備であるなど、依然として不備を抱えていたのである。

さらに、九九年に成立した周辺事態安全確保法は第九条で「関係行政機関の長は、法令及び基本計画に従い、地方公共団体の長に対し、その有する権限の行使について必要な協力を求めることができる」と定めていた。このことは、従来は政府の専管事項とされていた安全保障問題、とくに対米協力問題に関しても、地域の協力を得なければ実効性ある内容ができないということを意味していた。おりしも、橋本内閣以来の構造改革問題が本格化し、中央官庁の統廃合も進められる中で地方制度改革の議論も進展していた。そして先の周辺事態安全確保法第九条を実効性あるものにするには、当時議論されている地方制度改革の中においても、地方自治体の安全保障上の役割を踏まえた中央・地方関係の論議が必要になってくるはずであった。これは、日米協力の進展問題が集団的自衛権に象徴される憲法問題にかかわってきているように、中央・地方関係という日本の国家制度のあり方にも関係してきていることを意味している。すなわち、日本という国家のあり方に関する問題をはらんできているということになる。そしてこの点に関して、深刻な問題提起が地方から行われた。沖縄における米軍基地への反対運動の高揚である。

†噴出した沖縄の怒り

二七年間に及ぶ米軍の施政権下から沖縄が日本に復帰したのが七二年五月一五日。戦争の悲惨さを経験しただけでなく、米軍の施政下に長く置かれた沖縄に対しては、本土との経済格差解消を目的として沖縄振興開発特別措置法が定められ、一〇年ごとの計画で振興策が行われていた。八〇年代に三期にわたって県知事を務めた西銘《にしめ》順治は積極的に振興予算を利用したこともあって、道路などのインフラ整備は進み、少しずつ経済状況は改善されてきていた。

しかし、復帰した頃とほとんど変わらないまま残されていた問題があった。在日米軍基地問題である。実は、本土復帰によって多くの沖縄県民は基地が縮小されることを期待していた。だが米軍統治下時代とさして変わらない基地負担の継続で、復帰当初の県民世論調査では、復帰への失望感が高かったのである。

もともと沖縄が米軍の施政権下に置かれたのは、中国や台湾、東南アジアへも近いという戦略的位置からであった。五〇年代には、米軍は「銃剣とブルドーザー」と言われた強引なやり方で、基地を拡大していく。五〇年代から日本本土の基地が縮小されていったのに対し、沖縄の基地は縮小されず、逆に本土から沖縄に海兵隊基地が移転されるなど、沖縄の軍事利用は強められ、ベトナム戦争のときなどはいっそうその重要性を増していた。本土返還に際し、「核抜き本土並み」となって、メースBなどの核兵器は撤去されたものの、米軍基地の利用はそのまま継続された。本土面積の〇・六パーセントという島に、在日米軍専用施設の約七五パーセントが集約された（九五年当時）。しかも、基地に所属する兵士による度重なる犯罪行為が、沖縄の住民たちを苦しめていたのである。それは交通事故などにとどまらず、窃盗や強盗、婦女暴行など深刻な犯罪を含んでいた。また、宜野湾市の普天間基地に象徴されるように、沖縄経済の中心地域である本島中部・南部に基地が散在しており、交通や都市基盤整備の妨げにもなっていた。基地があることによって生まれる基地経済もあったが、復帰後その比率は年々減少してきており、基地がなければ沖縄経済はダメになるといった議論は根拠を失ってきていた。たとえば、県民総支出に占める軍関係受取の割合は返還時は一五・六パーセントであったが、九三年には四・九パーセントとなっていた（沖縄県資料）。こうした米軍基地への根強い反対意見が、九一年に革新系の大田昌秀知事を当選させる力の一つになっていた。

そもそも沖縄は、日米安保体制を支える重要な立場にある。それは沖縄の地理的重要性ということだけでなく、米軍基地の集中という問題である。日米安保体制は「基地と兵隊の交換」を基本的性格としており、米軍専用施設の約七五パーセント（九五年当時）が集中する沖縄は、いわば日米安保体制の中核的存在である。かつて本土に多くの米軍基地があったときに、反米軍基地運動が高揚したことは前述した。沖縄に基地が集中する一方で、本土の基地は整理縮小されたことで、本土住民の多くは基地問題を忘れていった。沖縄では、基地の存在によって日常生活と日米安保体制が深くまじりあうことになったが、本土は安全保障問題を考えることなく日常生活を送ることができたのである。安保を忘れて身の回りのことだけを考えるという

「五五年体制」のひずみが、沖縄問題に表れていると考えるべきだろう。

九五年九月四日、沖縄本島北部で、女子小学生を海兵隊員三名が拉致し、暴行を働いた。犯人の身元はすぐにわかったが、日米地位協定によって、起訴されるまでその身柄は日本側に引き渡されなかった。県議会は抗議決議を行い、大田知事は日本政府に対し、地位協定の見直しを強く求めた。しかし、河野洋平外相はウォルター・モンデール駐日大使と会談し、地位協定の見直しは不要であり、刑事訴訟法の運用改善を行うことで合意する。米軍基地として使用する土地については、強制収用手続きで土地調書などに知事が地主に代わって代理署名する必要性があったが、九月二九日大田知事はこれを拒否する。これは少女暴行問題だけではなく、前述のナイ報告書にあった米軍基地の固定化に反対する意思もあってのことと言われるが（『吉元政矩元沖縄県副知事オーラルヒストリー』）、いずれにせよこの問題は法廷闘争にまで発展していく。

九月二九日に那覇地検が海兵隊員を起訴して、ようやく身柄は日本側に引き渡された。一〇月二一日、宜野湾市で暴行事件に抗議する県民集会が開催され、地位協定の改定や、基地の整理・縮小が求められた。八万五〇〇〇名の県民が参集した。沖縄県は他の地域よりも保革対立状況が激しいが、この集会には党派を超えて人々が集まったと言われる。大田知事らは、社会党の村山政権であり、当初は沖縄の立場に理解をしてくれるのではという期待があったが、政府の対応は鈍かった。このあと一一月一日に来日したウィリアム・ペリー国防長官と河野外相が会談し、沖縄の米軍基地の整理縮小を具体的に検討する協議機関の設置に合意するが、米国のほうが対応が早かった。沖縄問題はこの後、橋本内閣の時代になって本格的に動きが出てくるが、この九五年以来、日米関係の重要な課題として沖縄問題が取り上げられることになる。それは、日本の安全保障政策の基軸は言うまでもなく日米安保体制であるが、日米安保条約は米軍への基地提供を日本の義務と定めていた。戦略的に要衝の位置にあるだけでなく、日本全体の米軍専用施設の約七五パーセントが集中する沖縄で、全県的に反基地運動が展開された場合、日米安保体制自体が危機に陥るのである。東アジア情勢を注視し、日本の再評価を行った米国がこの問題で危機感を感じたのは当然であった。

†日米政府を動かす沖縄

橋本が首相に就任してもっとも心を砕いた問題の一つが沖縄問題だったと言われている。橋本の親しくしていた従兄弟が、戦争中に沖縄方面で亡くなっていた。そうしたこともあって、橋本は沖縄に強い思いを持っていたという。沖縄に対する個人的なつながりから強い思いを持って沖縄問題にあたろうとした政治家は、この橋本と、官房長官であった梶山静六、そして橋本の後に首相になる小渕恵三である。橋本は、沖縄の米軍基地の整理・縮小という問題と、沖縄の自立を目指した振興策の実現という二つの問題で、深く沖縄問題にかかわることになる。

ここで沖縄の振興問題について簡単に触れておきたい。前述したように、七二年の沖縄本土返還にあたって、本土との経済格差解消を目的として沖縄振興開発特別措置法が制定されていた。それによって三次にわたる振興計画が策定され、多額の予算が使われていた。ただこれは、本土に比べ極端に多い米軍基地を引き受ける代償の意味が持たされていたことは間違いない。無論、政府はそう述べないし、沖縄自身も基地に代わって振興費を得ているとは言わないから、暗黙の了解であった。それにしても、少女暴行事件が起きた九五年が復帰二三年であり、基地の固定化が行われている一方で振興策を実施するという状況が長く続いていたことは問題であった。もちろん、本土に遅れて復帰した沖縄は、高度成長期以来、日本の各地で行われた公共事業の利益は得ておらず、島嶼県という地理的特性もあって、公共事業の必要性は大きかった。

また、本土から離れた沖縄は製造業がほとんどない経済構造であったため、公共事業に頼る比率も高かったのである。したがって沖縄経済は長く三K（公共事業・観光・基地）と言われた。基地を置く代償として、やむを得ず国からの資金に頼るというあり方が、基地の固定化にもつながるという悪循環になっていたわけである。

これは政府からすると、米国との調整というきわめて困難な仕事、すなわち基地の整理・縮小を行うことなく、お金の力で沖縄に負担をしてもらうというシステムであった。いわば、基地問題を先送りにしつつ、過剰な負担には目をつぶっている状態である。「問題の先送り」と

「負担の不公平」というのが、政府と沖縄の関係には存在していた。これは政府だけではなく、本土と沖縄の関係といったほうがいいだろう。

さて、沖縄振興には多額の資金が流れたが、ここで問題なのは、実質的に沖縄の振興策を作るのが沖縄県ではなく、政府であったということである。各省ごとに沖縄振興にかかわる計画と費用を持ち寄り、それを振興計画として決定し、沖縄開発庁を通して実施していくという仕組みが沖縄振興計画であった。しかし、そうした振興策のあり方に、沖縄の中から反発が生まれていた。よく知られているように、もともと沖縄は琉球国という独立国家であり、一六〇九年に薩摩の軍事支配下に置かれ、一八七二年から七九年の琉球処分で琉球は王国から藩へ、そして沖縄県となった。こうした歴史から、沖縄は日本なのか否かという、そのアイデンティティについて長い論争があった。本土復帰にあたっても、特別の自治を求めるべきだという意見は決して小さなものではなかったのである。こうした歴史的背景を知らなければ、本土と沖縄の複雑な関係は理解できないだろう。

さて、少女暴行事件に対する県民集会の後、九五年一一月四日に大田・村山会談が実現し、ここで沖縄県が作成した「基地返還アクションプログラム」の素案及び「国際都市形成構想」の枠組みが提示された。「国際都市形成構想」は沖縄県が独自にまとめつつあった将来構想であり、基地がない沖縄を想定して作成されており、基地返還アクションプログラムと深く結びついていたものである。ただし、この時点ではまだ形成途上であった。しかし、「基地返還アクションプログラム」とともに沖縄県から政府に提起され、それによって一一月二〇日に「沖縄における施設及び区域に関する特別行動委員会」(SACO)の設置が決まるということになった以上、基地問題との関連を明確にした形で「国際都市形成構想」の立案も急がなければならなくなった。従来の予定を大幅に前倒しして策定されることになったのである。

こうして「国際都市形成構想」の具体化、県の正式計画化が進められていく一方で、基地をめぐる協議が進展していく。それを象徴するのが「基地問題協議会」の発足であった。この時期は沖縄県側の積極的な提案や発言に政府側が押される形で、基地問題の対応に追われていたように思われる。そして村山内閣が退陣し、九六年一月橋本龍太郎内閣が誕生するのである。

九六年四月一二日、橋本首相・モンデール大使の会談で普天間基地返還合意が成立した。普天間基地は宜野湾市の中心部に位置し、周囲は住宅や学校その他の施設があって、事故などがあった場合大変危険であった。沖縄の返還要求の中でももっとも重要とされていた基地である。実際事故の懸念は、二〇〇四年に普天間基地所属のヘリコプターが隣接する沖縄国際大学の敷地に墜落し、現実のものとなる。ただこのときは、大変幸いなことに、人的被害はなかった。しかし危険と隣り合わせの基地であることは言うまでもない。なお、このときの普天間返還合意でもう一つ重要なことは、それが県内移設を前提としていたことである。これが後になって大きな問題となってくる。

すなわち普天間基地返還が県内移設とされたことにより、移設先をめぐって交渉は暗礁に乗り上げつつあった。実際、沖縄問題が重要案件化した時期は、朝鮮半島の核問題や台湾海峡問題などを背景に日米安保体制強化の時期と重なっており、決して米軍がそのプレゼンスを低下させると約束したわけではなかった。嘉手納《かでな》基地への統合案をはじめ、さまざまな案が検討され、結局名護市東部の辺野古《へのこ》地区に海上へリポートを建設する案が有力な候補として浮かびあがる。日米特別行動委員会（SACO）の最終合意で、普天間の機能を沖縄東部海岸海上施設に移設し、安波《あは》訓練場など一一施設五二〇〇ヘクタール（在沖縄基地面積の二一パーセント）を返還することとされた。これが沖縄県内で波紋を生んでいく。普天間移設をめぐり地元の合意を得るのは容易なことではなかった。

九七年一二月二四日、橋本首相は大田県知事、名護市の比嘉《ひが》鉄也市長と個別に会談し、協力を要請する。その結果、比嘉市長は建設を受け入れ、自らは市長辞任を発表する。大田知事はこのとき態度を保留していた。翌九八年二月六日、大田知事は代替へリポート建設に正式に反対を表明する。ここから沖縄県と政府との関係はこじれていく。一方、比嘉市長辞任に伴う名護市長選挙では、地元振興を訴え、基地建設容認の前助役岸本建男が、基地反対派の玉城《たまき》義和を破って当選した。県が反対し、市が受け入れという形がここでできたわけである。大田知事は名護市長選挙後、基地反対の姿勢を強めていく。こうして県と政府の対立は深まり、九八年の沖縄県知事選挙では、三選を目指す大田に保守系の稲嶺恵一が擁立されることになる。このときはすでに小渕内閣となっており、沖縄問題に熱意を注いだ橋本の努力は結果的に実を結ばなかった。こうして沖縄問題は、次の政権、次の知事へと持ち越されていくことになった。しかし、現在も沖縄問題は未解決のままであり、政府と沖縄県の対立の度合いはいっそう深くなってきている。沖縄問題は、一地域の問題ではなく、戦後日本の安全保障や国としてのあり方を象徴する問題なのである。

2 震災とテロ——危機管理欠陥国家・日本

†阪神・淡路大震災

沖縄で少女暴行事件という痛ましい出来事が起こった同じ一九九五年に、日本本土でも重大な災害と事件が起こった。それは日本という国家の危機管理体制を根幹から見直すことを迫る出来事でもあった。

最初は巨大災害であった。九五年一月一七日午前五時四六分、兵庫県淡路島北部を震源とするマグニチュード七・二の大地震が発生した。未明の震災で多数の人々が倒れた家屋の下敷きになり、また火災の発生により死者六四三四名、負傷者四万三七九二名を出す大惨事となった(平成一八年消防庁確定)。全壊家屋一〇万四九〇六棟、半壊一四万四二七四棟、一部破損は三九万五〇六棟にのぼった。鉄道はJRも他の私鉄も全線不通となり、多くのビルが倒壊し、中でも阪神高速道路の神戸・東灘区間が波打つようになって横倒しになっている様子に多くの国民が驚いただけでなく、日本の高速道路の安全性に自信を持っていた道路関係者にも大きな衝撃を与えた。神戸港も壊滅的と言える打撃を受け、神戸製鋼所をはじめこの地域に所在する多くの会社や店舗が被害を受けたのである。

問題はまず政府の初動対応であった。地震発生当時官邸にいた村山首相は、午前六時のテレビニュースで知ったという。その後、七時三〇分頃に秘書官からの連絡があったというが、必要で正確な情報が適宜あげられたわけではなく、村山はその日も震災を気にしつつも国会対応をいつものように行っていた。また、このときのことを国会で追及され、「なにぶん初めてのことでありますから」と答弁したことでさらに批判を浴びることになる。

また、大規模災害のときにもっとも必要とされる自衛隊の災害派遣も遅れてしまった。自衛隊自体は、震災発生直後から出動準備態勢に入り、各地の情報収集を行うとともに出動要請を待っていた。しかし、当時は知事からの出動要請を待って自衛隊は派遣されることになっており、その要請がなかなか出なかったのである。結局、震災発生から四時間後、偶然電話がつながった兵庫県庁職員が要請を行い、知事には事後承諾という形となった。

出動まで待機したまま貴重な時間が費やされたため、出動した自衛隊は渋滞に巻き込まれるなど救難活動に支障が生じることもあった。自衛隊がもっと早く出動していれば貴重な人命がもっと助かったはずだという批判は当時からなされた。知事の派遣要請の遅れについて、革新系自治体であるがゆえに自衛隊を忌避する傾向にあり、それが派遣要請を遅らせたのではないかという批判もある。

たしかに、革新自治体には自衛隊忌避の傾向が強く、そのため日ごろから自衛隊と連携して避難訓練を実施するといったことが行われていなかった。日本のような自然災害多発地帯で、イデオロギーが先に立った行政が行われた場合、被害をこうむるのが住民であるという悲劇的な例である。ただ、当時の貝原俊民兵庫県知事については、知事への情報伝達が遅れていたということもあり、知事のみの責任を問うわけにはいかないだろう。危機にあたって最高責任者にいかに情報を伝え、的確な判断を仰ぐかというシステムそのものに問題があったのである。

そしてこのことは、地方自治体だけでなく、政府も同様であった。首相官邸にも災害時に対応にあたる国土庁にも正確な情報はなかなか上がらなかった。緊急対応でも縦割り行政の壁がこのような非常時にも立ちふさがり、たとえばスイスからの人命救助犬派遣の申し出を受けるのに検疫問題で一日費やすといった有様であった。迅速な対応を行うべき司令塔がはっきりせず、刻々と増える被害に被災者だけでなく国民の政府への不信が高まったことはたしかである。

こういった状況が改善されていくのは、一月二〇日に北海道・沖縄開発庁長官であった小里《おざと》貞利を震災担当大臣に任命してからであった。小里は鹿児島の出身で、青年団長から県会議員を六期務め、県会議長、全国都道府県議長会会長なども務めており、地方の状況や地方行政にも詳しかった。また、労働大臣などを経て国会対策委員長を務めていた時期に自社さの連立政権を誕生させており、各党や国会事情にも精通したベテランであった。政権を担当して日が浅い社会党には、こういった非常時に対応できる人材に乏しく、三党首の会談で自民党の小里に特命相就任が決まった。こうして、小里が現地に対策本部を設置して情報を集約し、自らの下に特命室を作って迅速に対応していくことで、少しずつ事態は前に進み始めたのである。

しかし小里が後に、「自衛隊等との連携のための事前の体制整備が不十分」「早期に災害規模を把握するシステムが未確立」「首相官邸への情報連絡体制が不十分」と述べているように(小里貞利『震災大臣特命室』)、日本の危機管理体制自体に大きな欠陥があったことも間違いない。また、小里は危機にあたる政治のあり方について、自らの体験をもとに以下のような非常時に対応するときの教訓を導き出している。要点を述べると、以下のようなことである。

一　強力なリーダーシップ――トップダウンと即断即決
二　協力な組織――一切の責任は自分がとるという姿勢と指揮官は弱音を吐かないということ
三　臨機応変――前例踏襲はだめということと、枠を越えた対応の必要性
四　現場第一主義――「見て、聞いて、触れて」情報を把握すること、現場の声を大切にすること、そしていたわりの心の重要性
五　重要な広報――被災者の不安を解消することと、機敏適切な広報の必要性

すべてもっともな指摘であり、大震災で多くの人命を失って得た貴重な教訓であった。情報体制や自衛隊の出動問題など、システムの面での改善は図られているが、ではこの教訓が生かされたのかどうか、二〇一一年の未曽有の震災・津波被害を見るときに検証してみる必要性があるだろう。

このあと二月一〇日に復興方針を論議する阪神淡路復興委員会が、下河辺淳《しもこうべあつし》元国土庁次官・総合研究開発機構（NIRA）理事長を委員長に、首相の諮問機関として設置されることが決まった（二月二〇日に第一回会合）。この委員会が、公費による倒壊家屋解体や公的住宅の建設計画、市街地再開発事業の推進といった提言を打ち出し、二月二二日に参議院本会議で震災復興の基本方針と阪神・淡路復興対策本部（本部長・村山首相）設置を決めて対策の実施にあたって

いった。五月には震災からの復旧・復興と折からの円高対策を含めた補正予算総額二兆七二〇〇億円も決定し、ようやく復旧・復興へ向けて進んでいくのである。

†オウム真理教事件

さて、震災からの復旧・復興への議論がようやく進みだしていた三月二〇日午前八時頃、今度は予想もしない大事件が発生した。オウム真理教による地下鉄サリン事件である。東京の地下鉄霞ケ関駅を通る日比谷・千代田・丸ノ内線の電車五本に、猛毒であるサリンを散布するという前代未聞の都市型テロであった。乗客・駅員など一二名が死亡、五五〇〇名にのぼる重軽傷者を出したこの事件は、オウム真理教という特異な教義を持つカルト教団の犯行という側面と、こういった犯罪に弱い都市のあり方という両方の面から人々に大きな衝撃を与えた。

オウム真理教は八〇年代末から広く活動を知られるようになった団体で、教団本部や支部が置かれた地域の住民と対立を繰り返し、次第に犯罪行為に進んでいった。教団組織を疑似国家化したり、理科系の高学歴の信者が多いことなどで知られていたが、三月二二日に警視庁などが山梨県上九一色村《かみくいしき》にある教団本部を一斉捜査して証拠品を押収。サリン事件との関係が確認される。その後、殺人や毒ガス、生物兵器の製造まで試みていたという、常識では考えられない活動が判明する。のちに破壊活動防止法適用が議論されるが、これは結局行われなかった。

宗教法人を隠れ蓑にしたこうした危険団体の取り締まりや、複雑で高度に発達した都市で行われるテロに対して無防備であったことなど、日常生活の中で突如危機が襲ってくる可能性をほとんど考えたことのない日本人にとって大きな衝撃であった。

六〇年代から七〇年代の、安保闘争から続く学生運動の激しい時代には過激派によるテロ活動もあり被害者も出ていたが、それももはや過去のものとなっていた。豊かさと平和になれた日本人は、国内で大規模なテロが行われるなどとは考えてもいなかった。それは日本がいかに平和であったかを示しており、幸せなことである。しかし、それは危機の到来を考えなくてもよいということではない。政治の責任とは、最終的には国家・国民の安全の維持である。阪神大震災という戦後最大級の天災と、オウム真理教のテロという二つの出来事は、日本という国家が危機に対していかに脆弱かを示すことになった。それは国家非常事態のような問題を想定することなく、経済的発展とその利益配分に終始していた五五年体制の負の面が現れたのである。

†ミサイルと不審船

阪神・淡路大震災とオウム真理教のテロにより、日本の危機管理体制の不備が露呈していた。そして次に外から、日本への脅威は現実に存在するということを多くの国民に知らせる出来事が発生した。北朝鮮によるミサイル発射実験と、不審船問題である。

北朝鮮のミサイル発射実験は九三年にも行われていた。これはノドンミサイルを日本海に向けて発射し、能登半島北方に着弾したと伝えられた。このときは、日本本土に直接の影響はないと考えられたことや、二週間後に北朝鮮が核拡散防止条約を遵守する意思を示すなどしたため、大きな問題にはならなかった。しかし九八年は違っていた。ノドンミサイルよりも射程の長いテポドンミサイルが発射され、津軽海峡付近から日本列島を飛び越えるコースを飛来した。これは太平洋に着弾したと言われ、予告なしの発射でもあったため政府もマスコミも大きく取り上げることになったのである。国連でも北朝鮮のミサイル発射に「遺憾」の意を示すプレス声明が出されるなど、改めて東アジアの不安定要因としての北朝鮮が注目されたのである。

次の不審船問題はもっと深刻であった。国籍不明の不審船が日本近海に出没することは公安・警察関係では知られていた。島国であり、長大な海岸線を持つ日本は、すべての海岸を警戒することはできないのである。不審船には暴力団関係者による密猟や密輸関係の船もあるが、ここで問題なのは北朝鮮のものである。北朝鮮からと思われる不審船は、情報収集や日本国内の工作員との連絡、あるいは工作員の潜入や、拉致にも使われていた。これらの不審船は、漁船に偽装したり、日本船の名前を使っていたりしており、強力なエンジンを搭載して高速を出せることなどもあって、これまでなかなか捕まえることができなかったのである。

ミサイル発射で北朝鮮の活動に国民の多くが不信感を抱き始めた矢先の九九年三月、今度は不審船が多くの国民を驚かせた。そして自衛隊史上初めて「海上警備行動」が発令される事件となったのである。もともと、日本海での不審な電波などが関係機関によって注目されており、米軍からの情報や、能登沖での不審な電波が傍受されたことで、急遽海上保安庁と海上自衛隊が共同で対処することになったのである。

詳細は省くが、発見された不審船は海上保安庁の威嚇射撃にも停戦する様子を見せず、海上保安庁の巡視船は次第に引き離されることになる。野呂田《のろた》芳成《ほうせい》防衛庁長官は「海上警備行動」を決断。手続きとして川崎二郎運輸大臣から「海上保安庁の能力を超えている」という連絡を得た上で持ち回り閣議を開催して海上警備行動を承認、野呂田長官から発令された。しかし、自衛艦からの警告射撃やP3-C哨戒機による警告爆撃にもかかわらず不審船は停止せず、不審船の前に回り込んで網を投げて船を停めるといった試みも成功しなかった。結局、不審船は北朝鮮の清津港に逃げ込んで、海上警備行動は終了した。

このときの活動は、海上保安庁にも海上自衛隊にも多くの教訓を残し、保安庁は高速の巡視船を整備することになったし、海上自衛隊との連携も強化されることになった。また「海上保安庁法」も改正されて、警告を無視して逃走する船に対して発砲し、乗員に危害を加えても海上保安官は違法とならないことになった。こうした対応は、二〇〇一年一二月に九州南西海域

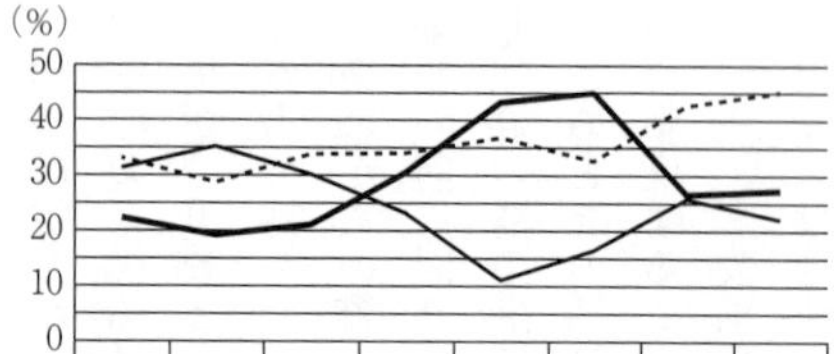

(年)	1991	1994	1997	2000	2003	2006	2009	2012
━ 危険がある	22.3	19.2	21.1	30.5	43.2	45.0	26.6	27.3
…… 危険がないことはない	33.1	28.7	33.8	34.0	36.8	32.6	42.6	45.1
― 危険はない	31.3	35.2	30.2	23.2	11.1	16.5	25.8	22.1

図 14　日本が戦争に巻き込まれる可能性
（内閣府世論調査から著者作成）

で保安庁巡視船と不審船が銃撃戦を行い、不審船が自爆するという事件にも生かされることになった。

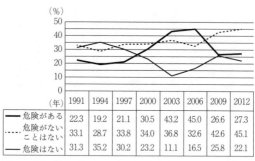

ただ、海上自衛隊に関して言えば、「海上警備行動」は日本の法体系からすれば厳格な基準で判断され、重い決断を伴うものだが、これは本来警察行動なのである。したがって軍事部隊であるはずの海上自衛隊の行動も警察行動の範囲に限られる。九九年の事件でも警告射撃、警告爆撃などは行ったが、それ以上のことはできなかった。逃走する不審船からすれば、日本の領海警備はそれが限界だと認識しているわけである。これはいわゆる「グレーゾーン問題」と関係しており、現在の安保法制でも十分な改革が行われているとは言えない問題である。これは終章で改めて検討したい。

さて、北朝鮮による以上の活動は、外からの脅威というものをほとんど実感してこなかった多くの日本国民にとって衝撃であったと思われる。冷戦時代は、ソ連の脅威と言ってもほとんどの日本人はそれを身近なものとして感じることはなかった。冷戦終了後の湾岸戦争や旧ユーゴスラビアでの内戦、アフリカなどの民族紛争は遠いところの話であった。九〇年代はじめの北朝鮮の核開発問題も、一部を除いてまだ日本自身に影響がある問題と考える国民はそれほど多くはなかった。

しかし、九六年に台湾海峡危機があり、そして日本を飛び越えるミサイルの発射と、初めての「海上警備行動」発令は、さすがに脅威の存在を認識させることになったわけである。世論調査を見ても、この時期から変化が現れ、「日本が戦争に巻き込まれる可能性」があると考える人が増えてくる（図14参照）。北朝鮮だけではなく、驚異的な経済発展を遂げた中国の存在も現実的な脅威として現れてきた。そして、新しい世紀に入った途端、世界は国際的なテロ・ネットワークという新しい脅威の出現に対応を迫られる。日本も決して無関係ではいられない状態となったのである。

第五章

「新しい脅威」の時代

——日米同盟・防衛政策の転換点

尖閣諸島の魚釣島周辺で、警戒監視活動を行う海上自衛隊のP3C哨戒機
(2011年10月13日、写真提供=共同通信)

1 「新しい脅威」と日本の防衛政策

†「9・11」の衝撃と自衛隊

ニューヨーク、ワシントンという米国本土の政治経済の中心地域を襲った二〇〇一年の九・一一同時多発テロは、二一世紀における新たな脅威を象徴する事件であった。この事件が発生して以降の日本の安全保障政策は、二つの方向で進められた。第一は、二〇〇一年一一月の「テロ対策特別措置法」、そして二〇〇三年七月の「イラク人道復興支援特別措置法」に象徴される米国の「テロとの戦い」の支援、二つ目が二〇〇四年四月に設置された「安全保障と防衛力に関する懇談会」及び同懇談会の報告書に基づく二〇〇四年一二月の新しい「防衛計画の大綱」制定による日本自身の「新たな脅威」への対応である。前者が日米協力、後者が日本自身の防衛政策ということになる。

ただし、主たる精力が注がれたのは何と言っても前者のほうである。米国のアフガニスタン攻撃を支援する「テロ対策特別措置法」も、米国のイラク攻撃を支持し、戦闘終了後の復興支援にあたる「イラク人道復興支援特別措置法」も特別措置法という時限立法であったが、ともに湾岸戦争の轍を踏まないための緊急対応であった。「テロ対策特別措置法」という略称からすれば日本に対するテロへの対策のように聞こえるが、実は九・一一事件への国際的対応への協力、具体的には米国を中心とする多国籍軍のアフガニスタン攻撃を憲法の範囲内で協力するというものである。また後者は、いまだ情勢が不安定で内乱状態とも言われるイラクへの派遣であり、一九九〇年には自衛隊が日本以外で活動することが大きな政治問題になったことに鑑みれば、自衛隊の歴史から見ても、戦後の日本政治史上からも画期的な出来事であったと言えるだろう。

二〇〇一年九月一一日に発生した米国の同時多発テロは、これまでの国家対国家の戦争を基本とする安全保障の考え方から、国家対テロ組織という非対称型の新しい脅威に対する安全保障の必要性を明確にしたという意味で、画期的な出来事であった。当時の小泉純一郎内閣の対応は、最初の声明を官房長官が行い批判を浴びるなど初動こそもたついたが、一九九〇年~九一年の湾岸戦争の教訓を前提に、以後は積極的に進められた。九月一九日には「当面の措置」を発表して「自衛艦の派遣」も盛り込む。二五日には小泉が訪米して対テロ戦争での米国支持を明確に打ち出した。そして一〇月五日にはテロ対策特別措置法案を閣議決定し、それを翌一〇月二九日に国会で成立させている。テロ事件の発生からあまり時間をおかずに決定できたことは、日本国民にも九・一一事件の衝撃が大きかったことと、この時期の小泉の高い支持率にも支えられていた。こうして、米国を中心とする多国籍軍のアフガニスタン攻撃に対して、補給・給油という形での参加・協力を果たすのである。

アフガニスタン攻撃は国連安全保障理事会の決議による行動で、国際社会の大方の合意があった。一方で二〇〇三年のイラク攻撃については、日本はさらに踏み込んだ米国支援を行うことになる。米国の軍事行動を支持したのをはじめ、ブッシュ大統領による陸上戦闘終了宣言後、陸上自衛隊の派遣を決めたのである。派遣の目的はイラクの復興支援であった。しかし戦闘終了宣言が出てはいたものの、武装勢力が依然として活発に活動している地域への自衛隊派遣であった。このとき、戦闘地域には自衛隊を派遣しないという基本方針をめぐって与野党が対立し、憲法違反という批判もあった中での派遣決断であった。このときは野党の「非戦闘地域」の定義をめぐる質問に、「自衛隊がいるところが非戦闘地域」「自分に聞かれてもわかるわけがない」といった強引な答弁も行われている。

実は、長期的視点からすると、このときの政府説明にも問題があった。すなわち法的意味での「戦闘地域」とは何かという問題である。自衛隊派遣の根拠法であるイラク人道復興支援法の立法趣旨からすると、非戦闘地域とは、「我が国領域及び現に戦闘行為（国際的な武力紛争の一環として行われる人を殺傷し又は物を破壊する行為をいう。以下同じ。）が行われておらず、かつ、そこで実施される活動の期間を通じて戦闘行為が行われることがないと認められる」地域という表現であった。さらに言えば「戦闘地域」とは、憲法が禁止した戦闘行為すなわち「国または国に準ずる組織が、組織的計画的な武力行使を行っている（傍点引用者）」地域を指すというのが政府の法律上の定義である。この定義によれば、国家でも準国家的組織でもないテロ組織の活動は戦闘行為ではなく、どんなにテロが行われていても法律上は非戦闘地域となるのである。テロが行われているから戦闘地域であるという野党やマスコミの批判は、法律上の定義を理解していないものとして否定されることになる。たしかに、法的にはそうであろう。しかし、ここでいう法的な「非戦闘地域」とは、安全地帯というわけではないことが問題であった。

国家間戦争の脅威が大幅に減少したと言われる一方で、現代の最大の脅威の一つが、国際的なネットワークを持つテロ活動とされている。テロ組織の持つ武器も破壊力を増し、軍事組織と遜色のないものも存在する。テロ組織が本気で自衛隊を攻撃しようと計画した場合、相当の被害が出ることも予想される。それは、ペルシャ湾、カンボジアといった、不安定ながらも一応停戦が成立した地域から始まったこれまでの国際協力活動とは異なる、厳しい条件が課せられている危険な地域に自衛隊が出動したということである。つまり、法的説明と現実の間にズレが存在しているのである。

危険な地域であっても、国益上必要とあれば出動するのが軍事組織の役目であり、危険な地域であるからこそ、民間ではなく軍事組織である自衛隊が出動したわけである。しかし政府の法的説明は、国内政治上の配慮から、憲法の枠内の活動であることを明確にするために行われている観が強い。幸いに犠牲者は出なかったものの、憲法および日本の法体系に合わせて自衛隊派遣の姿を決めるのは、もはや限界に来ているとも言えるのである。

また、二〇〇四年にイラクの人道復興支援を盛り込んだ国連安保理決議が成立したため、自衛隊が多国籍軍に参加することになった。九〇年の湾岸戦争のときには憲法上の問題から多国籍軍参加は否定されたが、今回は人道復興支援ということで参加することになったのである。これは自衛隊の歴史だけでなく戦後日本の安全保障政策からみても画期的なことであった。実は、自衛隊の参加を可能にすべく、復興支援を盛り込んだ安保理決議が成立するよう、日本は米英に働きかけていたのである。日本はこうした行動で、英国と並んで米国の最良の同盟国と評価された。そして、小泉はブッシュ大統領との個人的信頼関係を基礎に、戦後最良の日米関係と言われる状況を作ることに成功した。しかし、前述のように、自衛隊による国際活動は、小泉時代にそれまでのハードルを一気に越えて幅を広げることになった。今後どうしていくべきか改めて検討すべき時期に来ているのである。

†自衛隊の統合運用問題とPKO

さて、これまでの国連平和協力や災害支援といった枠組み以外で、テロ対策や戦争後の復興支援という形で、とくに米軍との具体的な連携が行われるようになって重要な課題として急浮上したのが、自衛隊の統合運用問題であった。統合問題は、保安庁から自衛隊へと組織が変わる時代から議論されていた問題である。当初は、制服組の台頭を抑える観点から「統合幕僚会議」強化は見送られていたが、七六年の防衛計画の大綱制定にあたり、基盤的防衛力整備の観点から統幕強化が図られたのは前述のとおりである。しかし、このときの統幕強化は、折からの日米協力進展の中で基盤的防衛力構想が埋没していったためにほとんど大きな変化はないまま冷戦の終了を迎えた。実際に統幕の強化が進んでいくのは、冷戦以降、国際貢献のために自衛隊の海外派遣が始まり、自衛隊の海外での活動が行われるようになってからである。ただし、それも徐々にであって、統幕強化・統合運用の必要性は防衛白書でもしばしば語られながら、大きく進展することはなかったのである。

そのような統合問題は、不審船事件や9・11テロ後の「新たな脅威」への対応の必要性から重要性が高まり、二〇〇二年四月に「統合運用に関する検討」が各幕僚長、統幕議長に指示され、その成果が二〇〇四年の新しい防衛大綱にも織り込まれた。しかし、大綱に織り込まれたからといって、これまでは統幕の組織変更のような重要課題がなかなか進まなかったのは、七六年大綱以降の状況を見ても明らかである。それが二〇〇六年三月にこれまでの統合幕僚会議から統合幕僚監部へと組織変更され、統合運用の指揮にあたる統合幕僚長が置かれることになる契機は、米軍との協力の必要性からであると考えられる。

実際、『「統合運用に関する検討」成果報告書』でも、統合運用を進める目的の一つとして、日米安保体制の実効性の向上を掲げていた。同報告書には以下のように記されている。少し長いが、現在行われている統合運用の内容を示すものであるので引用しておきたい。

「「日米安全保障体制」の実効性の向上

自衛隊が統合軍である米軍と作戦を共同して実施する場合、米軍側が一人の指揮官の下、四軍が同一の作戦構想の下で行動するのに対し、自衛隊側は、時により各自衛隊ごと、協同又は統合部隊を編成して行動する等、運用形態が一定でないことから、米軍側との共同調整の要領が多種多様となり調整が煩雑となる。日米安全保障体制を基調としているわが国にとって、自衛隊と米軍との連携は重要であり、統合運用を基本とする米軍との共同作戦を円滑に行うとともに、日米安全保障体制の実効性をさらに向上させるためには、自衛隊の態勢を共同が容易な統合運用の態勢とする等、平素から米軍との調整を円滑に行い得る態勢を構築することが必要である」

さらに、麻生太郎内閣当時のいわゆる「不安定の弧」への対応や、米軍再編という重要課題への対応も必要であった。すなわち、米軍再編に関する日米防衛関係首脳会議でも「二国間の

年	91 (H3)	92 (H4)	93 (H5)	94 (H6)	95 (H7)	96 (H8)	97 (H9)	98 (H10)	99 (H11)	00 (H12)	01 (H13)	02 (H14)	03 (H15)	04 (H16)	05 (H17)	06 (H18)	07 (H19)
主要事象	■ソ連崩壊（冷戦の終焉） ●雲仙普賢岳噴火災害派遣 ●ペルシャ湾への掃海艇派遣 ■湾岸戦争	●カンボジアPKO派遣	●モザンビークPKO派遣	■米朝枠組み合意 ●ルワンダ難民救援隊派遣	●地下鉄サリン事件災害派遣 ●阪神淡路大震災災害派遣	●ゴラン高原PKO派遣開始	▼新日米防衛協力のための指針策定	●ホンデュラス国際緊急援助隊派遣 ■北朝鮮による弾道ミサイル発射	●東海村臨界事故災害派遣 ●能登半島沖不審船事案	●有珠山噴火災害派遣	●九州南西海域不審船事案 ●テロ対策特措法に基づく活動開始 ■米国同時多発テロ ●インド国際緊急援助隊派遣 ▼中央省庁改革	●東ティモールPKO派遣	●イラク人道復興支援活動開始 ▼有事関連三法成立	●スマトラ沖大地震国際緊急援助隊派遣 ▼新防衛計画の大綱策定 ●中国潜水艦の領海内潜没航行事案 ●新潟県中越地震災害派遣 ▼有事関連七法など成立	●パキスタン大地震国際緊急援助隊派遣	●インドネシア国際緊急援助隊派遣	●ネパールPKO派遣

任務

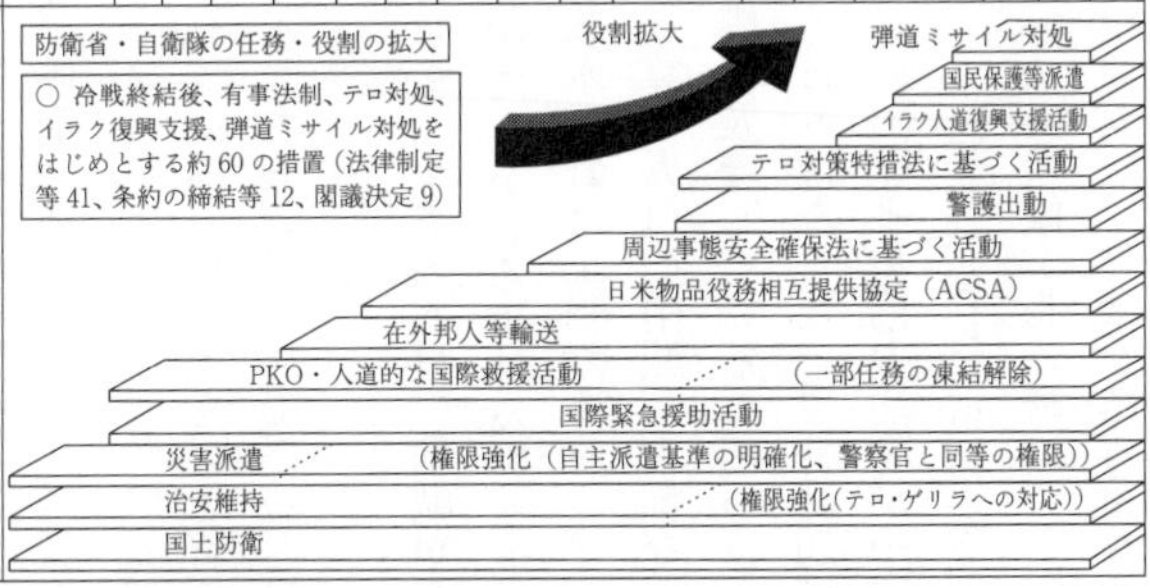

図15　自衛隊の役割拡大
（出典）『防衛白書　2007年版』

安全保障・防衛協力の実効性を強化し、改善することの必要性」にとどまらず、「自衛隊と米軍の相互運用性を向上することの重要性」が強調されていた。米軍再編によって日米の防衛協力は相互運用にまで高められることが期待されていたのである。こうした米軍との相互運用問題があったからこそ、統合運用強化が大きく進展したと考えられる。

以上のような統合運用強化で問題になるのは、自衛隊創設以来最大とも言える組織改編に対し、多大の労力が費やされていることであろう。もともと陸海空の各自衛

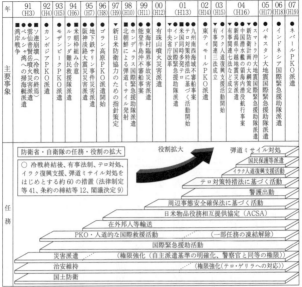

隊は、創設の経緯や成長の仕方も異なっており、国防に関する考え方にも相違があるのはこれまで見てきたとおりである。陸海空各自衛隊では、統合運用に関する考え方も異なっている。そういった中で短期間に、しかもこれまで見てきたようなさまざまな任務が増大しつつある中で、こういった作業が行われている負荷は大きいと言えるだろう。これまで述べてきた自衛隊の任務増大をわかりやすく示したものが図15である。自衛隊の任務がいかに増大したか明確であろう。

以上のような状況と並行して、予算・人員の削減が進められた。たしかに、財政赤字問題を考えれば、また度重なる調達にかかわる事件なども考えれば、「効率化」を推進しつつ新たな課題に対応していくという基本方針は正当であろう。問題は、果たして狙いどおりになっているのかということである。予算・人員の削減、大幅な組織改編と著しい任務の増大が、自衛隊という組織にどのような影響を及ぼしているのだろうか。この点は、本来であれば安全保障法制の改革とともに検討されなければならない重要課題である。

さて、前述のように、日本の国際平和協力活動が一定の評価を受けていることは間違いない。しかし一方で、これまでの日本におけるPKOの議論が瑣末な問題に終始し、「参加五原則」といった制約が課されるといった状態が長く続いてきたことも事実である。ペルシャ湾掃海、カンボジアPKOの成功を皮切りに、実績を積み重ねることによって武器使用基準なども緩和されるなど、制約も少なくなってきている。しかし、現在のPKOは、日本が恐る恐る参加し始めた冷戦終了直後の時期と異なって大きく変化してきており、現在は平和構築を課題とするものとなってきている。「国際平和協力懇談会報告書」で指摘されているように、日本のPKO活動は「伝統的な国連PKOの枠組みに大きく拘束されて」おり、「現在最も必要とされている「平和構築」の分野における参加体制が整っていないという問題」を抱えているのである。

実際、現在のPKOは「許される武力行使の範囲について、従来のPKOよりも広範な弾力性を認められて」おり、「ソマリアのUNOSOMⅡほどではないにしろ、かなり強力な装備と交戦規程をもつPKO」となっている。これまでのように、対症療法的に制約を緩和しつつ対応するといったことでは、今後のPKOに参加できなくなる可能性すら否定できない。また、自衛隊という組織の法的曖昧性や政治的制約が、他国のPKOとの円滑な協力を妨げているという指摘もある。本当にPKOに積極的に参加するのであれば、もはや組織的曖昧さや活動への制約といった条件について根本的に見直す時期に来ていると言っていいであろう。

さらに、以前は海外で活動するはずのなかった組織が海外で、しかも危険を伴う地域で活動することによって生じた新たな問題もある。すなわち、現代の国際社会においては、軍事力(「強制力」と言ったほうが正確であろう)は、戦争に限らず国連への協力を含めさまざまな場で使用される。各国の軍隊の多くは、国連PKOをはじめさまざまな状況で使用され、「現場」の経験を積んでいく。それに対して自衛隊は、ひたすら国内での訓練に精進してきたわけである。自衛隊はこれまで「軍隊」としての機能や実力を有しながらも法的には「軍隊」として扱われないという、日本独特の社会環境の中で創設以来半世紀を経てきた。そのことが、日本の自衛隊に独自の組織文化を形成していったと考えられる。そこで問題になるのが、自衛隊が海外で活動することになったことによる影響は何かということである。

たとえば、これまでと異なる環境、とくに危険な地域に身を置いて活動することに伴う隊員へのストレスの問題がある。象徴的に考えられている問題に自衛隊内の自殺者増加の問題がある。自衛隊員全員に占める自殺者の割合〇・〇三パーセントに対し、海外派遣隊員は〇・〇八パーセントとなっており、因果関係は慎重に検討する必要はあるものの、数字的には影響があったと考えておかしくないものである。最近は、海外派遣される自衛隊員への精神的ケアも少しずつ整えられてきているが、今後、積極的平和主義の下で自衛隊の海外派遣が増大するとすれば、より充実した対策も必要であろう。

また、重要なのは自衛隊員だけでなくその家族の問題もある。すなわち、国内訓練中心であった組織が危険な地域で活動し、生死にかかわる仕事であるという事実に改めて家族は直面するわけである。軍隊という組織が社会的に評価され、その仕事に危険が伴うことを当然だと認識している外国の軍事組織の家族と、自衛隊の仕事に対する評価の低さに甘んじながらも、危険はないであろうという認識ですごしてきた自衛官の家族との違いがどのように生じてくるか、重要な課題である。

†有事法制と国民保護

九・一一事件への対応が一段落した二〇〇二年四月にようやく有事関連三法案は閣議決定され、国会の審議にかけられた。しかしこの法案は、冷戦後の情勢に対応しておらず、冷戦時代に検討されていたものの焼き直しに過ぎないという批判や、より包括的なものを作るべきだという批判、また国民保護の問題が後回しになっているなどさまざまな問題点が指摘され、ようやく成立したのが二〇〇三年六月であった。ただし、このとき成立した有事関連三法では国民保護の問題は後に別途定めることになっていた。それが国民保護法という形で成立するのは、これもまた約一年を経た二〇〇四年六月であった。しかもこの間、二〇〇三年は米国のイラク攻撃問題をめぐって国際的に紛糾しており、米国のイラク攻撃支持、戦闘終了後のイラク復興支援のための自衛隊派遣及びその根拠となる「イラク人道復興支援特別措置法」の作成・国会通過に政府はかなりの時間と精力を使わざるを得なかったわけである。

ここで問題なのは「国民保護」の実態が不十分なままだということである。そもそも国家有事の際に必要となるのは、実力を以て侵略行為を行う外敵に対して、こちらも実力を以てそれを排除するということと、非武装の国民を危険な戦闘地帯から可能な限り退避させるということである。その是非はともかく、「専守防衛」を防衛政策の基本方針として掲げているわが国にとって、有事はすなわち国家領域内での戦闘を意味し、国民の保護はきわめて重要な課題である。しかしながら国民保護に関する法律が策定されたのは、前述のようにようやく今世紀に入ってからであった。

国民保護は、有事法制成立翌年の二〇〇四年六月にようやく国民保護法が成立したことによって、具体的な計画策定に向けて動き出した。そして、国民保護法が成立し、同年九月に施行され、同法に基づいて二〇〇五年三月に「国民の保護に関する基本指針」が閣議決定され国会に報告されている。そして、指定行政機関については同年一〇月に、各都道府県と指定公共機関については二〇〇五年度中に「国民保護計画」が策定された。さらに、二〇〇六年度中を目途に、各市町村が「国民保護計画」を、指定地方公共機関が「国民保護業務計画」を作成することになった。

では、そうした「国民保護計画」の策定によって十分な体制が整備されたのかというと決してそうではない。国民保護に関しては現在でも多くの課題を抱えており、少なくとも下記の点は指摘しておきたい。

第一に、二〇〇五年度に国民保護計画を作成した各都道府県も、鳥取県のように積極的に計画作成に取り組み、自衛隊や警察・消防との協議を行った自治体もあるが、それは例外的事例で、計画作成が法的に決められたために取り組んだという熱意のない自治体が多いのが現状である。それが市町村レベルになると、そもそも有事という事態についての理解も一定ではなく、いかにすればいいのかよくわからないという市町村も多い。そういったところでは、地域特性などほとんど考慮せず、政府が作成した「都道府県国民保護モデル計画」「市町村国民保護モデル計画」を焼き直した計画を作成してお茶を濁している恐れなしとしないのである。

第二の問題は、この国民保護に関しても自衛隊への期待度が大きいということである。そもそも前述の「都道府県国民保護モデル計画」「市町村国民保護モデル計画」は総務省消防庁が作成したものである。すなわち土台になっているのは「防災」である。地方にとって、「防災」の視点で見た場合、自衛隊が心強い存在になることは当然であろう。一方で、有事では当然防災とは異なる状況が現出する。つまり、自衛隊の本来の任務である外敵への対応が優先され、一般国民の避難・誘導は余力をもって協力するということである。「都道府県国民保護モデル計画」においても「武力攻撃事態等においては、自衛隊は、その主たる任務である我が国に対する侵略を排除するための活動に支障の生じない範囲で、可能な限り国民保護措置を実施するものである点に留意する必要がある」という但し書きが添えられている。しかし同時に、自衛隊に対し以下のような広範な活動についての協力も求められているのである。

「①避難住民の誘導（誘導、集合場所での人員整理、避難状況の把握等）
②避難住民等の救援（食品の給与及び飲料水の供給、医療の提供、被災者の捜索及び救出等）
③武力攻撃災害への対処（被災状況の把握、人命救助活動、消防及び水防活動、NBC攻撃による汚染への対処等）
④武力攻撃災害の応急の復旧（危険な瓦礫の除去、施設等の応急復旧、汚染の除去等）」

困ったときの自衛隊頼みと言える項目だが、以上のような協力が考えられている以上、それに対応した準備や訓練も行われなければならず、訓練も実施されている。しかし繰り返しになるが、自衛隊は外敵への対処が第一の任務である。予算も組織も縮小されている自衛隊に、国民保護に回す余力が果たしてあるのだろうか。期待されていた役割が果たせなくなった場合、もともとの計画に問題があったことが指摘されず、自衛隊が「旧軍と同じく住民を見捨てた」という批判がこないと言えるのだろうか。

国民保護に関する以上の問題点は、防衛力強化の重要地域と考えられている南西諸島についてとくに重要な課題となっている。すなわち、南北四〇〇キロ、東西一〇〇〇キロに及ぶ島嶼県である沖縄では、沖縄本島や宮古島、石垣島などの一部を除くと人口数千から数百の離島が中心である。現在、南西諸島防衛強化の一環として、与那国島に警戒監視部隊の配備が決まり、石垣島や宮古島にも陸上自衛隊の部隊配備が検討されている。そもそも、尖閣諸島をめぐる中国との対立から「離島防衛」が唱えられ、米軍との共同訓練も実施されるようになっている。与那国島への陸上自衛隊配備もこういった事態を背景にしており、「離島防衛」「国境離島警備」という施策の一環として実施されていることになっている。

しかし、与那国島、石垣島といった八重山地域、宮古地域は、島嶼地域という問題や、地方政治上の問題もあって、「国民保護」に関する施策が遅れている地域でもある。こうした地域で自衛隊配備を強引に進めたことで、たとえば与那国島では地域共同体が自衛隊配備賛成派と反対派で二分されるという深刻な影響をもたらしている。自衛隊基地の安定的な運営のためには、基地所在自治体との良好な関係が基礎条件となるが、配備前にその条件が失われてしまったわけである。

与那国島では、自衛隊配備賛成派の大部分は基地建設による経済振興を期待しており、国防上の関心から賛成している島民は少ない。一方で反対派は、中国と軍事紛争が生じた場合に、基地建設によって攻撃対象となることを恐れている。実際、二〇〇八年に米国掃海艇が与那国町の反対を押し切って同島の港に入港したが、それは台湾有事等の際に米国掃海艇等の基地として使用可能であることの調査に本来の目的があったという。そういった事情は本土のマスコミでは伝えられないが、現地では広く浸透しており、自衛隊基地ができれば米軍との共同使用も可能になることから、いったん基地ができれば軍事利用が進み、当然攻撃対象となることが危惧されるわけである。国民保護に関する施策は進まず、軍事化は多数の島民の意向に反して進められる状況に、反対派島民は激しい反発を抱いている。こうした事態は他の地域にも伝えられており、そもそも軍事に関し特別な感情を持つものが多い沖縄で、基地建設等の防衛力整備を強引に行おうとすれば、さまざまな影響を及ぼすことは間違いない。沖縄県民の世論調査によれば、県民の自衛隊に関する感情は決して悪くはない。それが、こういった施策が続く場合、自衛隊に関する感情にも反映してくる可能性も否定できないのである。

そもそも、自らの領域内での戦闘を前提とする「専守防衛」を基本方針としたときから、専守防衛下の現実の防衛行動を考えたときに、いかに国民を保護するかは当然議論され、さまざまな施策が検討されるべきものであった。しかし、「専守防衛」は実際は政治的用語で、防衛庁内ですら専守防衛下の国民保護を真剣に考えていたとは言い難いのである。与那国島島民は、今、現実にその問題に直面していると言っていいだろう。与那国島で自衛隊配備に反対する島民に対し、本土から批判的な言辞が行われることも多いが、自らは危険な地域に身を置くことなく、現地の実情も知らずにいたずらに批判のみ行うのは厳に慎むべきであろう。専守防衛が日本の防衛政策の基本方針となった時から行うべきであったことが一向になされず、世紀を超えて宿題となっていた重要な課題に、国境離島の人々が直面していることを忘れてはならないのである。

2　変化する防衛政策

防衛大綱の変遷

米国での同時多発テロにより、国際的なテロの脅威が安全保障における重要な課題となった。日本においてもテロを中心とする新たな脅威に対応した安全保障のあり方を検討するために「安全保障と防衛力に関する懇談会」（通称：荒木懇談会）が二〇〇四年四月に設置された。同懇談会は一〇月までに一三回の会合を行い、報告書を作成して小泉首相に提出した。その内容は、複雑・多様化する安全保障環境の中で、第一に日本への直接的脅威が及ばないようにすること、あるいは及んでも最小化すること（日本防衛）、第二に世界各地における脅威の発生確率を減らすこと（国際的安全保障環境の改善）という二つを目標とした統合的安全保障戦略が必要になるというものであった。そして、この戦略目標を達成するために、①日本自身の努力、②同盟国との協力、③国際社会との協力、という三つのアプローチを組み合わせることを提唱していた。

この防衛大綱が日米安保偏重と思えるくらい日米安保中心の姿勢を表明している反面、

自主的な姿勢が薄いものであったのに対し、①は新たな脅威の前に自ら行うべきことが増大したことを背景にして主張されたものと言える。また、九五年大綱をまとめる前の樋口懇談会のレポートで提唱されていた多角的安全保障協力の考え方が、③という形で再び明確に提唱されていた。国際社会の平和と安定が日本の安全保障にとっても不可欠であるという考え方が改めて確認されたわけである。

また、荒木懇談会報告書では、前述の戦略目標に対応した防衛力として「多機能弾力的防衛力」を提唱していることも注目される点であった。そしてこの報告書で示された提言を土台にまとめられたのが、二〇〇四年の防衛計画の大綱であった。最初の防衛大綱が七六年、次の大綱が九五年であるから約二〇年の間隔があった。しかし、新しい脅威と米国との協力の深化という事態に、約一〇年の間隔で防衛大綱がまとめられたわけである。ただ、大綱で示された内容を実行するために必要な部隊整備が行われるのかという点は、別の問題である。九〇年代以来の「効率化」という名の自衛隊縮小・予算削減は続いていた。自衛隊は拡大する任務に対応できるのかという問題は残されたままである。

さて二〇〇九年の総選挙の結果、自民党・公明党連立政権から民主党・社民党・国民新党連立政権への政権交代が行われた。そして二〇一〇年に再び防衛大綱が決定された。この大綱では、高まる中国の脅威に対応しつつ、深刻化する財政問題も視野に入れて、従来の「基盤的防衛力」ではなく「動的防衛力」という新たな概念を導入して防衛力の刷新を図っていた点に特徴があった。この「動的防衛力」については、「基盤的防衛力構想によることなく、動的防衛力を構築する」という設問に答える形で以下のような説明がなされている。

「新しい安全保障環境のもとで、今後の防衛力の目指すべき方向性をより徹底して追求するため、51年大綱（一九七六年大綱）以来の基盤的防衛力構想にとらわれずに取り組む、という意味です。

基盤的防衛力構想にとらわれるべきでないと考えたのは、基盤的防衛力構想は、東西が対峙していた冷戦時代に採用されたもので、防衛力の存在による抑止効果に重点を置いていますが、新たな安全保障環境では、防衛力の運用を重視し、抑止の信頼性を高めることが重要となっているなど、基盤的防衛力構想が前提としていた状況が大きく変化しているためです。

また、動的防衛力の構築に向けては、厳しさを増す財政事情のもと、防衛力の構造的な変革を図ることが不可欠ですが、基盤的防衛力構想を今後の方向性として掲げていては、標準的な装備の部隊をまんべんなく配置すればよい、という発想になりやすく、メリハリのある防衛力整備の妨げとなり得ることも考慮しました」（『防衛白書　二〇一一年版』）

この「動的防衛力」は「運用」に焦点をあてた防衛力の実現を目指すものとされ、「動的防衛力」構築のためには、「これまでに構築された防衛力を前提に、さらなる構造改革を行いつつ、より効果的・能動的に活用すること」となっていた。それは具体的には「総合的・横断的な観点から、自衛隊全体にわたる装備、人員、編成、配置などの抜本的な効率化・合理化を図り、真に必要な機能に資源を選択的に集中して、防衛力の構造的な改革を行うことが必要である」となっており、冷戦終了後から始まった「効率化・合理化」という名の自衛隊の組織縮小路線はそのまま踏襲していた。この「動的防衛力」を打ち出した二〇一〇年大綱に至るこれまでの大綱の変遷について、防衛省自身は表3のようにまとめている。

以上のような大綱自身の内容の変化があったということだが、問題はそれぞれの大綱が打ち出した「戦略」を実現するための「実力」、すなわち防衛力整備についてはどのようになっているかということである。優れた理念も実力が伴わなければ現実化しない。しかしこの点については、表4のように長期にわたって縮小・削減されているのが現状である。

この問題は、現在の防衛政策並びに自衛隊が抱える課題として、終章で改めて検討したい。

ところで、二〇〇四年大綱も二〇一〇年大綱も、「中国の脅威」を認識して南西諸島方面の防衛力強化を打ち出している点は、以前の大綱にはない特徴であった。中国の活動が活発化する以前においては、多くの島嶼から形成される南西諸島には在日米軍は多く展開している一方で、自衛隊は沖縄本島に陸上自衛隊第一混成団や航空機を中心とした海空自衛隊が置かれているのみで、宮古・八重山地域には、宮古島に航空自衛隊のレーダー基地がある程度であった。

	1976年大綱	1995年大綱	2004年大綱	2010年大綱
防衛力の役割	災害救援等	より安定した安保環境構築への貢献 —PKO、国際緊急援助活動 —安保対話、防衛交流等	国際安保環境改善への主体的・積極的な取組 —国際平和協力活動の本来任務化 —安保対話・防衛交流	グローバルな安保環境の改善 —国際平和協力活動への取組 —軍備管理軍縮、能力構築支援 —テロ対策・海上交通の安全確保等
		大規模災害等各種の事態への対応 —大規模自然災害・テロ —周辺事態	新たな脅威・多様な事態への実効的対応 —弾道ミサイル —ゲリラ・特殊部隊等 —島嶼部侵略 —ISR、対領侵、武装工作船等 —大規模・特殊災害等	アジア太平洋地域の安保環境の一層の安定化 —防衛交流、域内協力 —能力構築支援
	侵略の未然防止・侵略対処 （限定小規模侵略独力対処）	我が国の防衛 —侵略の未然防止 —侵略対処	本格的侵略事態への備え （最も基盤的な部分を確保）	実効的な抑止・対処 —周辺海空域の安全確保 —島嶼部攻撃 —サイバー攻撃 —ゲリラ・特殊部隊 —弾道ミサイル —複合事態 —大規模・特殊災害等 ※本格的侵略事態への備え （不確実な将来情勢変化への必要最小限の備えを保持）
	【基盤的防衛力構想】→ ・防衛上必要な各種の機能を備え、後方支援体制を含めてその組織・配置において均衡のとれた態勢を保有 ・限定的かつ小規模な侵略までの事態に有効に対処 ・災害救援等を通じて国民の民生安定に寄与	（基本的に踏襲） ・「限定小規模侵略独力対処」との表現は踏襲せず ・防衛力の役割として「我が国の防衛」に加え、「大規模災害等各種の事態への対応」及び「より安定した安全保障環境の構築への貢献」を追加	【多機能で弾力的な実効性のある防衛力】 （基盤的防衛力構想の有効な部分は継承） ・新たな脅威や多様な事態に実効的に対応するとともに、国際安保環境改善に主体的かつ積極的に取り組み得るもの	【動的防衛力】 （基盤的防衛力構想にはよらず） ・各種事態に対して実効的な抑止と対処を可能とし、アジア太平洋地域の安保環境の一層の安定化・グローバルな安保環境の改善のための活動を能動的に行い得るもの ・多機能で弾力的な実効性のある防衛力を発展させたもの

表3　大綱の変遷（出典）『防衛白書　2013年版』

区分			1976年大綱	1995年大綱	2004年大綱	2010年大綱
陸上自衛隊	編成定数 常備自衛官定員 即応予備自衛官員数		18万人	16万人 14万5千人 1万5千人	15万5千人 14万8千人 7千人	15万4千人 14万7千人 7千人
	基幹部隊	平素(平時)地域に配備する部隊	12個師団 2個混成団	8個師団 6個旅団	8個師団 6個旅団	8個師団 6個旅団
		機動運用部隊	1個機甲師団 1個特科団 1個空挺団 1個教導団 1個ヘリコプター団	1個機甲師団 1個空挺団 1個ヘリコプター団	1個機甲師団 中央即応集団	中央即応集団 1個機甲師団
		地対空誘導弾部隊	8個高射特科群	8個高射特科群	8個高射特科群	7個高射特科群／連隊
	主要装備	戦車 火砲(主要特科装備)(注1)	(注2)(約1,200両) (注2)(約1,000門／両)	約900両 (約900門／両)	約600両 (約600門／両)	約400両 約400門／両
海上自衛隊	基幹部隊	護衛艦部隊 (機動運用) (地域配備) 潜水艦部隊 掃海部隊 哨戒機部隊	 4個護衛隊群 (地方隊)10個隊 6個隊 2個掃海隊群 (陸上)16個隊	 4個護衛隊群 (地方隊)7個隊 6個隊 1個掃海隊群 (陸上)13個隊	 4個護衛隊群(8個隊) 5個隊 4個隊 1個掃海隊群 9個隊	4個護衛隊群(8個護衛隊) 4個護衛隊 6個潜水隊 1個掃海隊群 9個航空隊
	主要装備	護衛艦 潜水艦 作戦用航空機	約60隻 16隻 約220機	約50隻 16隻 約170機	47隻 16隻 約150機	48隻 22隻 約150機
航空自衛隊	基幹部隊	航空警戒管制部隊	28個警戒群 1個飛行隊	8個警戒群 20個警戒隊 1個飛行隊	8個警戒群 20個警戒隊 1個警戒航空隊 (2個飛行隊)	4個警戒群 24個警戒隊 1個警戒航空隊 (2個飛行隊)
		戦闘機部隊 (要撃戦闘機部隊) (支援戦闘機部隊)	 10個飛行隊 3個飛行隊	 9個飛行隊 3個飛行隊	12個飛行隊	12個飛行隊
		航空偵察部隊	1個飛行隊	1個飛行隊	1個飛行隊	1個飛行隊
		航空輸送部隊 空中給油・輸送部隊	3個飛行隊 —	3個飛行隊 —	3個飛行隊 1個飛行隊	3個飛行隊 1個飛行隊
		地対空誘導弾部隊	6個高射群	6個高射群	6個高射群	6個高射群
	主要装備	作戦用航空機 うち戦闘機	約430機 (注2)(約360機)	約400機 約300機	約350機 約260機	約340機 約260機
弾道ミサイル防衛にも使用し得る主要装備・基幹部隊(注3)		イージス・システム搭載護衛艦	—	—	4隻	(注4)6隻
		航空警戒管制部隊 地対空誘導弾部隊	— — —	— — —	7個警戒群 4個警戒隊 3個高射群	11個警戒群／隊 6個高射群

表4　大綱に見る防衛力の縮小・削減（出典）『防衛白書　2013年版』

（注1）2004年大綱までは「主要特科装備」と整理していたところ、2010年大綱では地対艦誘導弾部隊を除き「火砲」として整理

（注2）1976年大綱別表に記載はないものの、1995年以降の大綱別表との比較上記載

（注3）「弾道ミサイル防衛にも使用し得る主要装備・基幹部隊」は海上自衛隊の主要装備または航空自衛隊の基幹部隊の内数

（注4）2010年大綱においては、弾道ミサイル防衛機能を備えたイージス・システム搭載護衛艦については、弾道ミサイル防衛関連技術の進展・財政事情などを踏まえ、別途定める場合には、上記の護衛艦隻数の範囲内で、追加的な整備を行い得るものとする、とされている。

多数の島々からなる地域が「防衛空白地帯」となっていたわけで、二〇〇四年度の防衛大綱で南西諸島方面防衛力強化方針が示され、政権交代後に策定された二〇一〇年の防衛大綱でも、「自衛隊配備の空白地域となっている島嶼部について、必要最小限の部隊を新たに配置するとともに、部隊が活動を行う際の拠点、機動力、輸送能力及び実効的な対処能力を整備することにより、島嶼部への攻撃に対する対応や周辺海空域の安全確保に関する能力を強化する」と、島嶼防衛の強化が謳われることになった。

南西諸島防衛力強化の具体的施策として、陸上自衛隊第一混成団が約三〇〇名増強されて第一五旅団に昇格し、今まで自衛隊基地がなかった日本最西端の島、与那国島に陸上自衛隊の沿岸監視部隊配備と航空自衛隊移動警戒管制レーダーが展開される方向となり、基地建設が進められている。ただし、中国の活動に対応した沖縄方面における防衛力増強には、冷戦時代には検討されなかった重要な問題も生じている。この点も後に検討することとしたい。

†重大化する領域警備問題

さて、中国との間では、領土問題をめぐって深刻な対立が生じている。その象徴的事例が、〇一〇年九月七日に起きた尖閣諸島付近での中国漁船による巡視船衝突事件である。中国も有権を主張する尖閣諸島周辺では、中国漁船の違法操業が多発し、海上保安庁が監視していた。これまでは違法操業での立入検査拒否に検査忌避容疑で逮捕する場合があったが、今回は巡視船二隻に故意に衝突してくるという悪質さで、公務執行妨害で船長を逮捕したのである。当時、海上保安庁を主管する前原誠司国交大臣は、日本の法令に基づいて厳正に対処するという姿勢を示した。

これに中国側が猛反発する。中国は八日朝、大使館から日本外務省に抗議したのを皮切りに、一〇日楊潔篪《ようけつち》外相が丹羽《にわ》宇一郎大使を呼び出して抗議し、船長の無条件解放を求めた。さらに一一日には東シナ海ガス田の共同開発に関する局長級交渉を延期すると発表。一二日には外交担当の国務委員戴秉国が午前零時という異例の時間に丹羽大使を呼び出し、「賢明な政治判断」を求めた。さらに中国全人代代表の来日も中止となった。こうした矢継ぎ早の中国側の動きに対し、日本政府は民主党代表選の最中で対応しきれなかった。そして一九日、石垣簡易裁判所は船長の交流延期を決め、これで中国はさらに動きをエスカレートさせていく。

二〇日、万博視察の目的で上海に行く予定の日本の大学生たち一〇〇〇人の訪中が中国側申し出により突然中止。二一日、国連総会出席のため訪米していた温家宝首相が在米中国人との会合で日本批判の演説を行い、そして衝撃的だったのは、二三日、河北省の国家安全局が、軍事管理施設内に侵入して違法な撮影を行ったとして、建設会社フジタの日本人社員四名を逮捕したと伝えたのである。さらに同日、省エネ家電をはじめ精密機器に使用されているレアアースの輸出停止も通告した。拘留延期となった船長の釈放のために、無関係の日本人社員を人質にし、しかもレアアース禁輸で産業界にもダメージを与えるという強引なまでの中国の強い圧力であった。

これに対して日本政府は完全に腰砕けになってしまう。日本人社員人質、レアアース禁輸が伝えられた翌二四日、那覇地検は処分保留のまま船長を釈放した。会見した検事は、「わが国国民への影響や今後の日中関係も考慮」したと述べたが、検察が政治判断を行って容疑者を釈放したということになり、政府による指揮権発動ではないかという批判が噴出した。仙谷由人《せんごくよしと》官房長官は検察の判断だと繰り返すばかりだったが、国民の目には検察に責任を押し付けているとしか映らなかった。さらに、船長の釈放で事態が好転すると政府は考えていたようだが、フジタ社員は釈放されず、レアアースの禁輸措置はそのままであった。しかも中国側は日本に謝罪と賠償を求める声明を発表した。

こうした中国の姿勢に対し、衝突事件の現場を撮影したビデオがあり、それを公開すれば漁船に非があるのは明らかであるとして、その公開が求められたが政府はそれを拒否していた。ビデオ公開を嫌った中国への配慮であった。民主党は小沢元幹事長が中国とのパイプを持っていたが、それ以外は限られていた。こうした事態を受けて仙谷官房長官が旧知の中国コンサルタントを通じて何とか折衝し、仙谷の密使として細野豪志前幹事長代理が中国に派遣された。

二九日に国務委員戴秉国と会見し、ビデオの非公開などが求められたという。翌三〇日、ようやくフジタ社員のうち三人が釈放された。

実は中国の強硬な姿勢は国際社会全体にも強い衝撃を与え、中国進出に熱心なヨーロッパの企業には「チャイナリスク」が懸念されるようになっていた。中国国内では反日デモも起こっており、中国政府としてはそうした国内対策のためにも日本に強い態度で臨まざるを得なかった。しかし今後の経済関係などを考えると、どこかで矛を収めざるを得ず、そのタイミングを計っていたのであろう。一〇月四日アジア欧州会合(ASEM)首脳会議に参加するためブリュッセルを訪れた菅首相は、温家宝首相と短時間だが「会談」をもった。戦略的互恵関係を確認し、日中ハイレベル協議の定期開催や各種民間交流の再開などで合意したが、尖閣問題では平行線であった。最後のフジタ社員は九日にようやく釈放される。

こうした一連の事態に、日本の対中国意識は決定的に悪化しただけでなく、中国の攻勢に何ら対応できていない政府への失望が拡大した。このとき米国政府は尖閣諸島は日本固有の領土であり、安保条約の適用範囲という姿勢を明確に示していた。外交に不慣れな民主党・菅内閣はこうしたことを有効に生かすことができなかった。さらに不手際だったのがビデオ問題であった。中国に配慮してビデオは非公開としていたが、補正予算審議の条件にビデオ公開が求められたことから、予算委員会理事に限定して編集したビデオを一一月一日に公開した。しかしその後、五日にインターネット動画サイト「ユーチューブ」に「Sengoku 38」を名乗る人物が未編集版と思えるビデオを公開したのである。結局これは本物と判定され、のちに海上保安官が行ったことと判明した。政府は守秘義務違反として同保安官を批判し、その後書類送検されたが結局不起訴となっている。ここでも検察の判断と政府は繰り返すのみであった。

外交問題は中国だけではなかった。ロシアのメドヴェージェフ大統領が、北方領土・国後島を訪問したのである。北方領土の実効支配をアピールする狙いと見られ、旧ソ連時代を含めて、北方領土に最高首脳が訪れたのはこれが初めてである。事前に日本政府は訪問中止を求めていたが、まったく無視された形であった。民主党への政権交代後、ロシアによる領空侵犯や中国による海洋調査など頻発しており、日米関係の不安定化が両国のこうした行動につながっているのは明らかであった。

こうした状況になすすべもない政府に対し、国民が信頼を寄せるはずもなかった。内閣改造で六五パーセントにまで上がった内閣支持率は、尖閣問題が発生したあと四八パーセント、三一パーセントと下がり、ビデオ流出事件後には二五パーセントまで低下した（NHK放送文化研究所「政治意識月例調査」）。もはや危険水域であり、いつ内閣が倒れてもおかしくない数字であった。政治の失敗が外交的危機を招くということを、多くの国民が実感することになったのである。

†巨大災害と自衛隊

二〇一一年三月一一日、午後二時四六分、三陸沖を震源とするマグニチュード九・〇の巨大地震が発生した。東北の太平洋岸から関東地域に激しい揺れをもたらし、さらに場所によっては最大四〇メートルに達する津波が海岸部を襲った。防潮堤を乗り越え、あるいは破壊し、内陸部の建物や人や乗り物を飲み込んでいく津波の被害は想像を超えるものであった。しかも、福島県にある東京電力福島第一発電所は、津波の被害で緊急冷却装置の作動に必要な電力設備が破壊されてしまった。地震・津波と原発事故という未曾有の危機であった。

菅内閣は倒壊寸前であったが、巨大地震・津波の発生で国会は自然休会し、与野党一致して巨大災害に対応するため「休戦」となった。政府は「緊急災害対策本部」を設置するとともに、原子力災害対策特別措置法に基づき、原子力緊急事態宣言を発した。菅内閣は、震災・津波被害からの救済、復旧・復興、さらに原発事故への対処を迫られていく。そして自衛隊は大車輪の活動をすることになった。

陸上では被災した正面である東北方面総監を中心に、全国の部隊から可能な範囲で部隊・人員が集められた。中国とは尖閣諸島問題での対立が増している時期であり、南西諸島方面の防衛力は削るわけにもいかず、北朝鮮の動向も不透明であった。冷戦終了以来、自衛隊の兵員削減問題ではいつも陸上自衛隊が中心であり、大幅に人員を減らしている中で、可能な限り部隊を集めねばならない苦労は大変であった。一〇万人という、これまでにない規模で実施された救助活動は、兵員の献身的な働きもあり、国民の自衛隊への評価をいっそう高めることになったのは間違いない。そして陸上自衛隊だけでなく、海上自衛隊と航空自衛隊も物資・人員の輸送などを中心に協力した。有事ではなく巨大災害に対応するために、自衛隊の本格的な統合運用が行われた形となったのである。

また、このときは地震・津波による被害者救援だけでなく、原発事故への対応という重要問題も生じていた。自衛隊は、メルトダウンの危機に瀕した原子炉の冷却作業に立ち向かわねばならなかったのである。ヘリによる冷却水投下をはじめ、生命の危機の可能性のある作業を行わねばならなくなったとき、自衛隊への要請も増大していった。中には、自衛隊員の生命への配慮を欠いたものもあったという。想定外の事態であったからと言うことは容易だが、そもそも国家緊急事態は、いつどのような形で訪れるかわからないものである。戦後日本が「安全神話」の中で暮らしてきたマイナス面が出てしまったと言えるだろう。

さて、被災した住民の秩序ある行動は世界から賞賛され、一〇万人体制で人命救助・支援にあたる自衛隊員、その他消防、警察、自治体職員などの活動は日々報道されてこれも賞賛された。米国が在日米軍を大規模に動かして「トモダチ作戦」を展開して日本支援を行ったり、世界中からの支援の広がりに日本中が感謝した。しかし肝心の日本政府の対応については、後手後手に回り必要な対策が遅れているという批判が高まった。米国も、原発事故の情報などがなかなか伝わらない状況にいらだちを隠さなかった。米軍と自衛隊という現場レベルの協力体制は健在であったが、政権交代後の政府レベルの意思疎通は大きく傷ついていたのである。

3　安全保障政策の転換

†「国家安全保障戦略」の策定

二〇一二年一二月、総選挙で民主党が敗北し、再び自民党・公明党による連立政権が誕生した。第二次安倍晋三内閣である。そして安倍内閣の下で、戦後の日本の防衛政策が大きく変化しようとしている。それは第一に、安全保障政策の司令塔である「国家安全保障会議」（NSC）の設立、及び国家安全保障に関する外交・防衛政策の基本方針・重要事項に関する企画立案・総合調整に専従し、国家安全保障会議をサポートするための「国家安全保障局」が内閣官房に設置されたこと、第二にこれまでの「国防の基本方針」に代わる「国家安全保障戦略」が策定されたこと、第三に、集団的自衛権行使に舵を切ったことである。

第一の「国家安全保障会議」は、防衛庁設置後に創設された国防会議、国防会議を引き継いだ安全保障会議を改組して、米国の国家安全保障会議をモデルとして創設されたものである。これはそもそも第一次安倍政権時代の二〇〇七年に審議されたが、審議未了となっており、それが第二次安倍政権で実現できたわけである。国家安全保障会議を支える国家安全保障局も、元外務次官である谷内正太郎を初代局長に迎え、内閣官房副長官補という次官級ポストになる局次長にも、外務省と防衛省から各一名を就任させた。これまでの内閣安全保障室を大幅に拡充して、安全保障政策の中心的存在にしようとの意気込みが表れている。国家安全保障会議及び国家安全保障局については、成立早々であり歴史を扱う本書で評価するのはまだ早いだろう。ただ、後藤田正晴官房長官時代に活発に機能していたと言われる内閣五室（内閣安全保障・危機管理室、内政審議室、外政審議室、内閣情報調査室、内閣広報室）が、首相や官房長官の交代によって活動内容に差が生じたように、いかに「器《うつわ》」を整えても、首相や局長その他の関係者が変わることによって機能も変化する可能性があることのみ指摘しておきたい。

次の第二の国家安全保障戦略、及び同戦略に基づいて策定された新たな防衛大綱について見ていくことにしたい。

前述のように、二〇〇九年の政権交代後の二〇一〇年、民主党政権の下で防衛大綱が策定された。本来であれば五年程度の間隔で見直される大綱であるが、二〇一二年に再び政権交代があり、今度は自民党・公明党連立政権の下で二〇一三年一二月に防衛大綱が策定された。今回の防衛大綱策定で従来と大きく異なる点は、防衛大綱の上位に位置づけられる国家安全保障戦略が同時に策定されたことである。そこで、まず国家安全保障戦略の内容から検討していきたい。

そもそも、これまでの日本には明確な国家安全保障戦略が存在していなかった。米国などでは、国家安全保障戦略があり、それに基づいて軍事戦略や外交戦略が策定され、さらに軍事戦略に基づいて作戦計画などが立案されるといった階層をなして戦略が立案され、定期的に見直しが行われている。こうした国家安全保障戦略は米国だけでなく、オーストラリア、英国、韓国などでも策定されており、日本でもこれまで多くの論者が策定の必要性を論じていた。その国家安全保障戦略がようやく策定されたわけである。実は日本では、これまで防衛大綱が実質的に安全保障戦略の代替的存在となっていた。防衛大綱は、本来は防衛力整備の基本方針を述べる文書であり、防衛力整備の前提となる国際情勢の認識や、どのような防衛力を整備するのかといった「軍事戦略」の分野に記述が及んでいることは自然であるとしても、国家全体の安全保障戦略を述べる文書ではなかった。それが、本来は存在しているべき国家戦略がなかったため、その役割の一端を担っていたわけである。

では、占領から独立して六〇年以上を経てようやく策定された国家安全保障戦略（以後「安保戦略」と略す）は、どのような内容であろうか。三三二ページにまとめられた国家安全保障戦略の特徴は、九〇年代以降にまとめられた防衛大綱の内容を基本的に踏襲しながら、「国際協調主義に基づく積極的平和主義」を提唱することで、一九八頁で紹介した渡邊の言葉を再度借りれば「『国際安全保障』への日本の貢献を目指す流れ」をいっそう強化しようというものである。順に見ていこう。

「おおむね一〇年程度」を念頭に置いて策定されたという「安保戦略」は、これまでの日本の安全保障戦略を概観し、日本が「専守防衛に徹し、他国に脅威を与えるような軍事大国とはならず、非核三原則を守るとの基本方針を堅持してきた」という平和国家としての歩みが、国際的に評価されていると述べている。そして「これをより確固たるものにしなければならない」と、「平和国家」としての立場の普遍性を訴えている。その上で、「現在、我が国を取り巻く安全保障環境が一層厳しさを増していることや、我が国が複雑かつ重大な国家安全保障上の課題に直面していること」から、「国際協調主義の観点からも、より積極的な対応が不可欠」と主張する。そして「国際協調主義に基づく積極的平和主義の立場から、我が国の安全及びアジア太平洋地域の平和と安定を実現しつつ、国際社会の平和と安定及び繁栄の確保にこれまで以上に積極的に寄与していく。このことこそが、我が国が掲げるべき国家安全保障の基本理念である」

と、積極的な国際平和への関与が唱えられている。この「積極的平和主義」という用語は、安倍内閣の安全保障政策の中心的な概念として頻繁に登場している。この言葉自体の明確な説明はないが、「日本が行い得るあらゆる手段を通じて国際平和に関する問題に関与していくもの」と理解すればよいだろう。

こういった基本理念の下で掲げられた「国家安全保障戦略」の目標は、以下の三点である。

第一は、「我が国の平和と安全を維持し、その存立を全うするために、必要な抑止力を強化し、我が国に直接脅威が及ぶことを防止するとともに、万が一脅威が及ぶ場合には、これを排除し、かつ被害を最小化すること」である。

第二は、「日米同盟の強化、域内外のパートナーとの信頼・協力関係の強化、実際的な安全保障協力の推進によりアジア太平洋地域の安全保障環境を改善し、我が国に対する直接的な脅威の発生を予防し、削減すること」である。

第三は、「不断の外交努力や更なる人的貢献により、普遍的価値やルールに基づく国際秩序の強化、紛争の解決に主導的な役割を果たし、グローバルな安全保障環境を改善し、平和で安定し、繁栄する国際社会を構築すること」とされている。

以上の三点は、第一の目標は日本自身の防衛力整備である。第二は日米同盟及び日米同盟を中心とした関係諸国との協力であり、二〇一五年四月に合意された新しい日米ガイドライン、さらに現在東南アジア諸国やオーストラリアと行っている海洋安保協力の考え方である。第三は「多角的安全保障論」以来の考え方であり、すなわちこの三点は、九〇年代以降の防衛大綱で述べられていた課題が「安保戦略」でも言い方を変えて改めて主張されていると見ることができる。「九〇年代以降にまとめられた防衛大綱の内容を基本的に踏襲」と前述した所以である。

†中国への認識

以上の三つの目標を述べた後、「日本を取り巻く安全保障環境と国家安全保障上の課題」が述べられる。「グローバルな安全保障環境と課題」、「アジア太平洋の安全保障環境と課題」という具合に論が進められているが、ここで中国に対してきわめて厳しい見方をしている点は注目される。すなわち、中国については以下のように記述されている。

「中国は、国際的な規範を共有・遵守するとともに、地域やグローバルな課題に対して、より積極的かつ協調的な役割を果たすことが期待されている。一方、継続する高い国防費の伸びを背景に、十分な透明性を欠いた中で、軍事力を広範かつ急速に強化している。加えて、中国は、東シナ海、南シナ海等の海空域において、既存の国際法秩序とは相容れない独自の主張に基づき、力による現状変更の試みとみられる対応を示している。とりわけ、我が国の尖閣諸島付近の領海侵入及び領空侵犯を始めとする我が国周辺海空域における活動を急速に拡大・活発化させるとともに、東シナ海において独自の「防空識別区」を設定し、公海上空の飛行の自由を妨げるような動きを見せている。

こうした中国の対外姿勢、軍事動向等は、その軍事や安全保障政策に関する透明性の不足とあいまって、我が国を含む国際社会の懸念事項となっており、中国の動向について慎重に注視していく必要がある」

以上のような厳しい見方をしつつ、中国との対立が軍事衝突にまで拡大しないように、後半には以下のような方策も述べられている。

「我が国と中国との安定的な関係は、アジア太平洋地域の平和と安定に不可欠の要素である。大局的かつ中長期的見地から、政治・経済・金融・安全保障・文化・人的交流等あらゆる分野において日中で「戦略的互恵関係」を構築し、それを強化できるよう取り組んでいく。特に中国が、地域の平和と安定及び繁栄のために責任ある建設的な役割を果たし、国際的な行動規範を遵守し、急速に拡大する国防費を背景とした軍事力の強化に関して開放性及び透明性を向上させるよう引き続き促していく。その一環として、防衛交流の継続・促進により、中国の軍事・安全保障政策の透明性の向上を図るとともに、不測の事態の発生の回避・防止のための枠組みの構築を含めた取組を推進する。また、中国が、我が国を含む周辺諸国との間で、独自の主張に基づき、力による現状変更の試みとみられる対応を示していることについては、我が国としては、事態をエスカレートさせることなく、中国側に対して自制を求めつつ、引き続き冷静かつ毅然として対応していく」

中国への言及は「安保戦略」のみならず、後述の「防衛大綱」でもしばしば見られており、冷戦時代の防衛白書におけるソ連に対する記述よりも踏み込んだ書き方になっている。冷戦時代は、建前として「仮想敵」はないという立場であったことから、ソ連についての記述もおおむね事実関係を述べたものに終始していた。しかし、「安保戦略」においては、中国の行動が国際法違反であり、日本を含む周辺諸国に「脅威」を与える可能性があることに言及している。今や中国の行動こそが日本にとって最大の安全保障上の問題であり、「安保戦略」の最重要テーマであることが明らかにされているのである。

たしかに中国の行動が周辺諸国に脅威を与える事態となっているのは事実である。南沙・西沙諸島の領有権をめぐって東南アジア諸国との紛争が頻発している。実行支配している島をさらに埋め立て、長大な滑走路も建設した。ベトナムやフィリピンも滑走路を建設しているからと理由づけているが、中国が建設した滑走路は他国とは比較にならない規模である。さらに軍事施設も建設している。そもそも、南シナ海で中国が領有権を主張している領域（九段線）は国際法的に説得力を持っていない。こうした主張が周辺国との緊張を生じるのは当然であろう。

また、二〇一四年に中国が設定した「防空識別圏」も、中国の主張はあたかも領空のようにそれを扱っている。自衛隊との間でもレーダー照射問題、異常接近などのトラブルが生じている。南シナ海から東シナ海にかけて、中国が影響力を拡大させようとしている領域は、シーレーンとして関係各国にとって重要な海域でもある。いわば、グローバル・コモンズとして各国が協力して安全を守り、秩序を維持していくべきものである。日本が東南アジア諸国との協力を強化しようとしているのも、そういった理由によるのである。

†「安保政策」と現実

さて、「安保戦略」で述べられた政策はどのように具体化されているか、あるいはどの程度「現実」に対応しているのだろうか。たとえば「安保戦略」では、情報機能強化や防衛装備・技術協力問題も含めた多様な課題に言及している。安倍内閣で推進された特定秘密保護法制定や武器輸出三原則の緩和なども、「安保戦略」にある課題に対応したものであることがわかる。政策課題として掲げたものの実現を図ること自体は当然で、そうでなければ「安保戦略」といっても、かつて海原治が批判したように「壮麗な空中楼閣を作文」したものになってしまう。ただしこの場合、政策として実現したということも重要であるが、そのプロセスや、具体化することでの影響や結果も問題となる。実際、特定秘密保護法に関しては、制定の手順や、秘密にした情報の開示方法など、政策立案に不手際も見られる。また、「安保戦略」で掲げられた内容を見ると、いくつか重要な問題点を抱えているものもある。

たとえば、「我が国を守り抜く総合的な防衛体制の構築」という項目では、「弾道ミサイル防衛や国民保護を含む我が国自身の取組により適切に対応する」と述べられている。日本にミサイルを向けている国は北朝鮮と中国である。両国が保有するミサイルの数を考えれば、現在の日本のミサイル防衛能力がきわめて乏しいことは明らかである。また、国民保護に関しては、前述のように、各自治体で策定されている「国民保護計画」は実現性が低いものが多く、前述のように日本の国民保護法制自体、多くの問題を抱えている。「適切に対応する」というのはよく見られる官僚文章であり実態が伴っていない。今回の安保法制に関しても、国民保護については「整備済み」として諸施策が進められている。現場の実態とのズレは明らかだろう。

「領域保全に関する取組の強化」という項目では、「国境離島の保全、管理及び振興に積極的に取り組むとともに、国家安全保障の観点から国境離島、防衛施設周辺等における土地所有の状況把握に努め、土地利用等の在り方について検討する」と述べられている。島国である日本は有人・無人の多数の島嶼で構成されており、ここで述べている「国境離島」の保全は重要な課題である。

しかし、これまでそうした離島の保全や振興には積極的に取り組んでこなかったのが実情である。中国との関係で南西諸島方面の防衛力強化が唱えられ、沖縄方面で新たな基地・拠点の整備が進められている。前述のように日本最西端の国境離島の与那国には、陸上自衛隊の沿岸監視部隊の新設が決まり、基地建設が進められている。しかし、もともと与那国自身が求めた台湾との交流による経済振興についてはほとんど認めず、経済振興策として基地誘致を考えた一部島民の活動に乗る形で進めた基地新設によって、与那国島の島民は二分され、きわめて濃い地縁血縁関係で構成された地域コミュニティが混乱する状況となってしまっている。与那国島の問題は、現在盛んに唱えられる「離島防衛」問題とも密接に関連しているが、安易な施策が目的と逆の結果をもたらしつつある例である。

†新防衛大綱の制定

以上のような内容の「安保戦略」に基づいて二〇一三年に策定されたのが新しい防衛大綱である。新大綱の内容は、土台となる「安保戦略」と重複も多いが、防衛政策面でより詳しい記述となっている。重要な部分について見ていきたい。

まず日本の防衛力についてはこれまで、「基盤的防衛力」「多機能弾力的防衛力」そして「動的防衛力」という性格づけが行われてきたが、新大綱では「統合機動防衛力の構築」を目指すこととされている。そして防衛力については、「安全保障の最終的な担保であり、我が国に直接脅威が及ぶことを未然に防止し、脅威が及ぶ場合にはこれを排除するという我が国の意思と能力を表すもの」という定義づけがなされている。さらに日本を取り巻く安全保障環境が厳しさを増す中で、「今後の防衛力については、安全保障環境の変化を踏まえ、特に重視すべき機能・能力についての全体最適を図るとともに、多様な活動を統合運用によりシームレスかつ状況に臨機に対応して機動的に行い得る実効的なものとしていくことが必要である。このため、幅広い後方支援基盤の確立に配意しつつ、高度な技術力と情報・指揮通信能力に支えられ、ハード及びソフト両面における即応性、持続性、強靱性及び連接性も重視した統合機動防衛力を構築する」としている。

以上の基本方針のもと、日米同盟の強化やグローバルな安全保障環境の改善のための取り組みを積極的に推進する旨を述べている。そして、各種の事態に対する実効的な抑止及び対処として、グレーゾーン対応をはじめ、「周辺海空域における安全確保」「島嶼部に対する攻撃への対応」「弾道ミサイル攻撃への対応」「宇宙空間及びサイバー空間における対応」「大規模災害等への対応」といった事項が掲げられている。

自衛隊の体制整備に当たっての基本的考え方については、「特に重視すべき機能・能力を明らかにするため、想定される各種事態について、統合運用の観点から能力評価を実施し」、それを踏まえた上で、「南西地域の防衛態勢の強化を始め、各種事態における実効的な抑止及び対処を実現するための前提となる海上優勢及び航空優勢の確実な維持に向けた防衛力整備を優先することとし、幅広い後方支援基盤の確立に配意しつつ、機動展開能力の整備も重視する」こととされている。日本を「海洋国家」と明確に位置づけ、「中国の脅威」に対応する上では妥当な方針と言ってよいだろう。

ただし、多岐にわたる内容のうち、「防衛力の能力発揮のための基盤」として挙げられている一一の事項中、「地域コミュニティーとの連携」という項目には問題があろう。この項目自体は、これまで自衛隊が基地所在自治体と円滑な関係を維持するために不断の努力を行ってきており、そういった基地所在自治体との良好な関係が重要であるからこそ、ここで置かれたものと考えられる。ここには次のように記述されている。

「地方によっては、自衛隊の部隊の存在が地域コミュニティーの維持・活性化に大きく貢献し、あるいは、自衛隊の救難機等による急患輸送が地域医療を支えている場合等が存在することを踏まえ、部隊の改編や駐屯地・基地等の配置に当たっては、地方公共団体や地元住民の理解を得られるよう、地域の特性に配慮する。同時に、駐屯地・基地等の運営に当たっては、地元経済への寄与に配慮する」（傍点引用者）

しかしながら、前述の与那国島などの例では、地域事情を考慮しない施策によって地域に分断をもたらしている。北海道など、大規模な基地を受け入れている地域や、戦前から基地が周

区分			現状（平成25年度末）	将来
陸上自衛隊	編成定数		約15万9千人	15万9千人
陸上自衛隊	常備自衛官定員		約15万1千人	15万1千人
陸上自衛隊	即応予備自衛官員数		約8千人	8千人
陸上自衛隊	基幹部隊	機動運用部隊	中央即応集団 1個機甲師団	3個機動師団 4個機動旅団 1個機甲師団 1個空挺団 1個水陸機動団 1個ヘリコプター団
陸上自衛隊	基幹部隊	地域配備部隊	8個師団 6個旅団	5個師団 2個旅団
陸上自衛隊	基幹部隊	地対艦誘導弾部隊	5個地対艦ミサイル連隊	5個地対艦ミサイル連隊
陸上自衛隊	基幹部隊	地対空誘導弾部隊	8個高射特科群／連隊	7個高射特科群／連隊
海上自衛隊	基幹部隊	護衛艦部隊	4個護衛隊群（8個護衛隊） 5個護衛隊	4個護衛隊群（8個護衛隊） 6個護衛隊
海上自衛隊	基幹部隊	潜水艦部隊	5個潜水隊	6個潜水隊
海上自衛隊	基幹部隊	掃海部隊	1個掃海隊群	1個掃海隊群
海上自衛隊	基幹部隊	哨戒機部隊	9個航空隊	9個航空隊
海上自衛隊	主要装備	護衛艦	47隻	54隻
海上自衛隊	主要装備	（イージス・システム搭載護衛艦）	（6隻）	（8隻）
海上自衛隊	主要装備	潜水艦	16隻	22隻
海上自衛隊	主要装備	作戦用航空機	約170機	約170機
航空自衛隊	基幹部隊	航空警戒管制部隊	8個警戒群 20個警戒隊 1個警戒航空隊（2個飛行隊）	28個警戒隊 1個警戒航空隊（3個飛行隊）
航空自衛隊	基幹部隊	戦闘機部隊	12個飛行隊	13個飛行隊
航空自衛隊	基幹部隊	航空偵察部隊	1個飛行隊	—
航空自衛隊	基幹部隊	空中給油・輸送部隊	1個飛行隊	2個飛行隊
航空自衛隊	基幹部隊	航空輸送部隊	3個飛行隊	3個飛行隊
航空自衛隊	基幹部隊	地対空誘導弾部隊	6個高射群	6個高射群
航空自衛隊	主要装備	作戦用航空機	約340機	約360機
航空自衛隊	主要装備	うち戦闘機	約260機	約280機

表5　2014年大綱別表

（注1）戦車および火砲の現状（平成25年度末定数）の規模はそれぞれ約700両、約600両／門であるが、将来の規模はそれぞれ約300両、約300両／門とする。

（注2）弾道ミサイル防衛にも使用し得る主要装備・基幹部隊については、上記の護衛艦（イージス・システム搭載護衛艦）、航空警戒管制部隊および地対空誘導弾部隊の範囲内で整備することとする。

辺にあった自治体と自衛隊の関係はおおむね良好である。しかし、沖縄のようにかつて戦場となり、軍事基地に関して複雑な感情を持っている地域に基地を新設することは容易ではない。大綱の記述がすでに「作文」となってしまっているという現状はきわめて残念である。

ちなみに、これまで述べてきたように冷戦終了後、任務が増大する一方で、予算や組織規模については削減されてきた自衛隊であったが、新大綱とこれに基づく「中期防衛力整備計画」において、わずかであるが組織規模の拡大が行われることになった（表5参照）。厳しい財政状況下であるから予算の大幅な増大は困難であろうが、自衛隊の組織は規模と任務の関係で見ると限界に来ているように思われる。

†「集団的自衛権」解釈変更の意味

最後に、第三の集団的自衛権に関する問題である。安倍内閣は集団的自衛権の解釈変更、すなわちこれまでの「国際法上、集団的自衛権を保有しているが、憲法上行使できない」という内閣法制局の解釈を、「制限的に行使できる」と改めた。これは安倍内閣の下で進められている安保法制の問題と深く関係している一方で、多くの国民の理解を得たとは言えない状況となっている。集団的自衛権の解釈変更は、「憲法違反」であり、「立憲主義」に反する。非民主的な安倍内閣の手法（たとえば強行採決など）は、民主主義国家として許されないという声が、一般の人々の間にも広がっている。音楽家や俳優、タレントといった、日本の芸能界は比較的政治的発言が少なかったが、そういった人々も声を上げつつあるのは、これまであまり見られなかった現象である。安倍首相は、安保改定反対のデモが国会を取り囲んだときの、祖父である岸首相と自らを重ね合わせているかもしれない。

では、安倍内閣による「集団的自衛権解釈変更」をどのように考えればいいのだろうか。現在進められようとしている安保法制は、安倍内閣で行われてきた一連の安全保障政策改革の中心的位置を占めている。内容としては、「安保戦略」で明らかにされた内容を法制として整備しようとするもので、現在の安保法制だけでなく、すでに成立した「秘密保護法」や、集団的自衛権問題にばかり注目が行ってマスコミでも取り上げることが少なかった「防衛省改革」など、さまざまな点が連動しているものである。ただ、広範な内容にわたる改正について、十本の法律を一つにまとめて審議する手法など、専門家でなければわかりにくいという指摘はそのとおりであろう。また、防衛大臣や首相の国会答弁がいささか乱暴すぎた点も問題であった。安保法制整備にあたって、中国のことを念頭に置いているのは明らかだが、外交的配慮からなるべく中国の名前を出さないで答弁を行ったことも、内容をわかりにくくしている。自衛隊の活動が拡大すれば、それだけリスクも高くなることは自明だが、それを否定した発言も国民には真実を告げない姿勢と受け止められた。内容が重要であればあるほど、国民の理解を深めていかねばならないが、そうなっていないのは大変残念である。

そもそも集団的自衛権は、最初の日米安保条約締結にあたって、日本側が利用したものである。すなわち集団的自衛権によって、米国に日本を守ってもらおうとしたわけで、その意味では集団的自衛権を行使していたし、条約にもその点は書かれている。現在では、「集団的自衛権はまったく行使できない」と受け取っている人やマスコミが多いようだが、旧安保条約の前文に集団的自衛権の「行使として」と書かれており、新安保条約を審議した国会で岸首相や林法制局長官の答弁でも、集団的自衛権は「海外派兵」だけを意味するのではないという意味で、制限的に行使できるという趣旨の発言が行なわれていた。それが「集団的自衛権はまったく行使できない」と受け取られるようになったのは、現在の法制局解釈が定着して以降と考えられる。この法制局解釈は、戦後平和主義の思潮の下、自衛隊の海外での活動など考えられない時期に出されたもので、多分に国会対策であった。

問題は、こういった集団的自衛権解釈が拡大して、自衛隊の海外での武器使用がすべて集団的自衛権の関係で議論されるようになったことである。本来は、「集団的自衛権」ではなく、国連による「集団安全保障」で考えるべきものも、集団的自衛権が問題となったのである。憲法制定当初からあった国連への積極的協力という問題に、集団的自衛権問題が「足枷《あしかせ》」になっていた部分があることも間違いないのである。

すでに「制限的」に集団的自衛権を行使していると今述べた。現在問題となっている解釈変更は、この「制限的」という幅をどの程度拡大するのかというのがテーマとなった。全面的に行使できるようにすべきだという意見もあるが、「平和国家」として積み重ねてきた経験をどのように生かすべきか、そこはよく考えるべきと思われる。この点は終章で改めて検討したい。いずれにしろ、「集団的自衛権」と「集団安全保障」はどのように違うのか、日本はそれぞれをどのように扱うのか、もう一度議論する必要があるかもしれない。

さて、今回の解釈変更にあたって、日本がアメリカの戦争に巻き込まれるという疑念が持ち上がっている。安保法制は、二〇一五年四月の新ガイドラインを法的に整備したものである。新ガイドラインは日米の安全保障協力をいっそう進めようというものであるから、そういった疑念が出るのも無理はないと言っていいだろう。二〇〇三年の対イラク戦争だけでなく、米国の数々の戦争が議論の俎上に上り、一般市民を巻き込むような戦争に日本も参加するのかといった声も上がっている。以前ほどではないにしろ、戦後平和主義が今も影響力を持つ日本では、説得力のある訴えとなっている。

よく知られていることだが、同盟には二つの面がある。「同盟のジレンマ」と呼ばれるが、同盟関係をおろそかにし、同盟国の意向を軽んじていると、やがて同盟は形骸化する、あるいは「見捨てられる」恐れがある。一方で、同盟国の意向を何でも聞いていると、同盟国が行う戦争にも巻き込まれる恐れがある、というものである。同盟を結んでいる以上、この二つの面を絶えず考えておかねばならない。現在の安倍内閣は、同盟国に見捨てられないように、その意向に従おうという姿勢と見られている。「見捨てられる恐れ」を重視しており、それは中国の脅威などを考えての選択である。一方で安倍内閣への批判は、「巻き込まれ」の恐れによる。「巻き込まれ」の批判は、ベトナム戦争のときもあったし、同盟を結んでいる以上、かならず存在する。重要なことは、国民自らが選んだ政府が、国民が望まない戦争に「巻き込まれない」ように賢明な政策判断ができるかということである。自らの国の民主主義が信用できるか、という問題でもあるのである。

ところで、あまり議論されていないが、「集団的自衛権行使」と「対等性の模索」という問題もよく考えておくべきである。繰り返し述べてきたように、日本の安全保障政策の根幹である日米安保体制は「基地と防衛の交換」を基本的性格としている。その点は五一年の旧安保条約も六〇年の新安保条約も不変である。これは、米国は日本有事に日本は守るが、日本は米国有事に米国を守らないことであり、米国の日本防衛の代償に基地を提供しているわけである。では果たしてそれが本当に対等な関係と言えるのかというのは、日米安保体制成立時からつきまとう問題である。基地の提供は重大な問題で、米国の戦略にとって有益なことであり、対等性は確保されているという意見もある。しかし、相手のために「自国の若者の血も流す」と約束した国と、土地を提供する国が対等なのかという問題は、それほど簡単に言えるものではない。両国の関係にどうしても不均衡が見えるために、日本は多額の「思いやり予算」を提供し、不平等な地位協定にも甘んじてきたとも考えられている。

しかしながら、他の同盟諸国と同様に、日本も集団的自衛権を行使できれば、これまでのような関係の不均等性は大幅に解消されるとも考えられるわけである。そうであるならば、日米関係の不平等性の象徴である地位協定は改定されるべきであり、「思いやり予算」もさらに縮減されるべきであろう。また、沖縄基地問題に関して言えば、本来、基地を提供されているほうの意見が強く反映されるべきではない。日米関係の全般にわたる問題についても、やはり再検討されるべきではないだろうか。そしてそれができたとき、日本政府は唯々《いい》諾々《だくだく》と米国の意思に従うという批判も解消されるだろうという意見もある。これは日本を「普通の国」にすべきだという意見とも関係するが、日本という国家のあり方をめぐる問題であり、そろそろ真剣に議論すべき課題だと思われる。

終　章

新たな安全保障体制に向けて

国会前で安保関連法案に反対し、気勢を上げるデモ隊
(2015年 9月16日、写真提供=共同通信)

これまで四つの視点に留意しながら自衛隊、そして戦後日本の防衛政策の歴史を見てきた。すなわち、①戦後の平和主義との関係、②日米安保体制と自衛隊の関係、③政治と軍事の関係(政軍関係)、④防衛政策の内容と実態、というものである。それぞれについて、これまでの歴史から何が見えてくるのか、最後にまとめておきたい。

†戦後平和主義をどう考えるか

前章までで述べてきたように、戦後日本の平和主義は、非軍事あるいは反軍事を基調としているところに大きな特徴がある。戦争放棄・軍隊の不保持を謳った憲法の理念をいかに生かすかという問題がさまざまな立場から議論されたが、戦後の五五年体制では一貫して野党であった革新勢力側が主に主張していた考えが広まり、定着したわけである。悲惨な戦争を背景として生まれたものだが、定着していったのはまさに五五年体制成立と、ほぼ時を同じくしていた。ただ、日本のように極端なほどの非軍事・反軍事の平和主義が広く国民に定着した例は珍しい。

そもそも平和とは何かという問題がある。国際社会を見る場合、大きくとらえると理想主義と現実主義という二つの立場がある。理想主義から見た場合の平和は、たとえば「平和学」で主張されている「積極的平和」という考え方がよく取り上げられる。これは単に戦争がないだけでなく、飢餓や貧困といった「構造的暴力」と呼ばれるものもない状態が平和と考えられている。一方で現実主義の見方では、平和とは戦争ではない状態のことである。飢餓や貧困の問題は解消していくべき課題だが、容易に実現できるものではない。戦争がない状態を作り上げていくこと自体が大変な作業で、まずそれを目指すべきだというものである。

「積極的平和」と、安倍内閣で唱えられている「積極的平和主義」は、言葉は似ているが内容は異なっている。「積極的平和主義」は現実主義の立場から、国際社会に戦争がない状態を形成していくために、日本が可能な限りの力を使って貢献していくべきだというものと考えられる。たしかに、平和学の「積極的平和」は理想だが、どのようにすればそれが実現するのか、その方法論は定かではない。「積極的平和」の立場に立てば、軍事力は無用のものと考えられるのかもしれないが、残念ながら国際社会の現実とはズレている。「積極的平和」は美しいが、理想に過ぎるように思える。欧米の国際政治学で主流になりえない理由は、やはり現実との乖離にあると思われる。

また、五五年体制は冷戦という国際構造を反映したものであったが、野党・革新勢力が行う日米安保体制・自衛隊への批判の思想的土台が戦後平和主義であった。それはいきおい自衛隊の力をいかに縛るかに力が注がれることになり、有事法制に象徴されるように、実効ある防衛体制整備の制約となっていった。

それでは戦後平和主義はマイナスだけだったのかというと、もう少し検証が必要だろう。たしかに安全保障政策から見れば、マイナス面が大きかった。また、国連の平和活動に積極的に貢献すべきだという考え方についても、徹底した非軍事の思想ゆえ、自衛隊の海外活動が許されず、足枷となっていたのは間違いない。九〇年からの湾岸危機への対応で、軍事的対応が実施される段階になった途端、日本の中の議論が混乱していった事態がそれを象徴している。

一方で、戦後日本という国家像あるいは国家のイメージという面では、評価すべきという意見がある。すなわち、「日本＝平和国家」というブランドが広まったということである。

国際社会には、力と価値と利益という要素がある。安全保障面では伝統的な力の要素が大きい。グローバリゼーションの進展による相互依存の深化や、国際社会で活動するアクターの多様化、国際法などの発達による制度化など、国際社会は大きな変化を遂げてきているが、それでもなお、力すなわち軍事力の要素は大きいものがある。

しかし、相互依存の深化などが国家間紛争を起こりにくくさせているのも事実であり、国家イメージすなわち「ソフトパワー」が外交政策遂行に大きな役割を果たすようになっていることも間違いない。日本の「平和国家」というイメージが、中東などでも高く評価されているのは、紛争現場で活動した国連やNGOの関係者など、多くの人からも指摘されている。戦後七〇年かけて積み上げてきた「平和国家」のイメージをいかに大事にしていくのかも、今後の重要な課題であろう。「平和国家」のイメージを傷つけることなく、自衛隊による国連協力、さらに今後いっそう進められる東南アジア諸国、オーストラリアなどとの防衛協力をどのように進めていくのか——それこそが重要な検討課題ではないだろうか。

†進む日米防衛協力

言うまでもなく、日本の安全保障政策の基軸は日米安保体制である。一九五一年に旧安保条約が締結され、六〇年に改定されてからでも二〇一五年で五五年になる。かつての日英同盟が二〇年の期間であるから、いかに長く続いてきたかわかるだろう。戦後日本が国際紛争の渦中に入ることなく経済活動に邁進できたのは、日米安保体制があったからだと考えるべきである。

ただ、日米安保体制の基本的性格が「基地と防衛（軍隊）の交換」であるということが、さまざまな問題を生んできたのも事実である。広大な在日米軍基地の存在が、当初は本土でも反米ナショナリズムを高揚させた。本土の基地が整理・縮小されて本土における反米ナショナリズムは大幅に減少した。しかし、本土で減少した分、沖縄にそのしわ寄せがいくことになり、沖縄に過剰な基地負担を負わせてしまっている。かつて基地問題があったことも忘れた本土住民は、なかなか沖縄の「痛み」を理解できず、沖縄からは差別を問題視する声が上がっている。「基地と防衛（軍隊）の交換」が日米安保条約の基本的性格であるということは、在日米軍専用施設の約七四パーセント（現在）が集中する沖縄で反米軍基地運動が高揚した場合、日米安保体制の根幹を揺るがすことになることを、本土住民も理解しなければならない。戦後長く続いた五五年体制は、安全保障の重要な部分を米国に依存し、国民も政治家も国内問題に集中する政治体制であった。そのため、安全保障が国家・国民全体の課題であるということを、多くの国民も政治家も忘れてしまっている。日米安保体制が日本の安全保障政策にとって必要ということであれば、国家・国民全体で在日米軍基地の問題を考える必要がある。

「基地と防衛（軍隊）の交換」には、別の問題もある。日米関係は対等かということである。つまり「日本が攻撃されたら米国は日本を守る。しかし米国が攻撃されても日本は米国を守らない。それは米国が過剰な義務を負うことになるので、米国が戦略的に使用できる基地を日本国内で提供する」というのが日米安保体制の姿である。基地、すなわち国土の使用を許すのは重要なことだから対等性は確保されているという意見があり、政府の公式的な見解もそうである。しかし、旧日米安保条約が暫定的なものとして締結されたことに示されるように、当初から日本政府でもこの問題は強く意識されていた。安保改定で、日本から見た対等性、すなわち日本防衛義務の明確化や内乱条項削除などが行われ、戦後憲法体制と日米安保が安定的な関係になった。しかし改定後の安保条約でも「基地と防衛（軍隊）の交換」という基本的性格は変わっていない。日本に何かあった場合、自国の若者の血と命をかけて日本を守るという米国と、土地の使用を許すという日本が対等なのか、つまりアメリカから見た場合の不平等という問題はずっと続いているのである。

それが要因の一つとなって、米国が海外に基地を置く国の中でも、きわめて多額の「思いやり予算」を提供し、不平等な地位協定に甘んじ、沖縄では「軍事植民地」批判が行われる状況となっている。これは憲法上の制約、すなわち集団的自衛権が行使できるか否かという問題による部分が大きい。日本と同じく米軍に基地を提供しているドイツやイタリアはNATO（北大西洋条約機構）加盟国であり、互いに集団的自衛権を行使して守ることを約束している。つまり日本はしないことをドイツやイタリアはできるわけである。これが日本に比べて対等な地位協定につながっていることは、認識しておいたほうがよいと思われる。地位協定に関しては、日米の法体系の相違など他の要因もあるが、こうした不平等性の問題も大きいのである。これは、日本が「普通の国」となるべきかという問題とも深く関係している。戦後日本という国家のあり方に関する問題であるが、これまで十分な議論が行われることがなく現在に至ってしまった。真剣に検討をすべき時期であろう。

さて、これまで日米安保体制に大きく依存してきたわけだが、米国の国力の衰えとともに、日本の役割は増大してきた。日米防衛協力については、一九七八年、九七年、そして二〇一五年と「日米防衛協力のための指針」（ガイドライン）が合意され、日本の役割は増大してきた。二〇一五年のガイドラインは、集団的自衛権の（制限的）行使を前提としているため、これまでより踏み込んだ日米協力になっている。そのため、米国の戦争に巻き込まれるという批判を生んでいる。ただし本論で述べたように、同盟には「見捨てられる恐怖」と「巻き込まれ」という二つの面がある。参加する必要のない戦争に巻き込まれることなく、こちらの防衛には見捨てられることなく協力してもらうためには、賢明な政治判断（「賢慮」と呼ばれる）に基づく外交が必要である。

現在日本では、米国の戦争に巻き込まれる危険性が大きく取り上げられている。一方で米国では、日本の戦争に巻き込まれるのではないかという懸念も指摘されている。つまり、尖閣諸島問題をめぐって日中間で武力衝突が起き、それに巻き込まれて中国と望まない戦争になってしまうという懸念である。米国は、中国の「脅威」をさまざまな場面で指摘し、南シナ海での強引な活動に関して批判的に述べている。しかし、中国と本気で戦争しようと考えているわけではない。無論、中国が力で国際秩序を破壊するような活動をより活発化した場合に、軍事力の行使を含めた対応策を検討していることは間違いない。ただ、そうした最悪の状況を想定してシナリオを作っておくというのは、米国のような国家では当然行われていることで、それが戦争を望んでいる証拠というわけではない。

もちろん、日本政府も中国政府も戦争を望んでいないだろう。ただ、中国政府が軍部をどの程度コントロールできているか疑問視する意見もあり、偶発的な事態や予想外の展開は、国際政治には起こり得るものである。そうしたことが起こる蓋然性《がいぜんせい》をなるべく小さくするために、さまざまな安全保障政策が行われるわけだが、自らコントロールできない日中間の事態に、米国は「巻き込まれる」ことを恐れているわけである。尖閣諸島という無人の岩だらけの島のために、自国の若者の血を流したくないというのは、米国の本音だろう。

一方で日本は、米国という後ろ盾が何としても必要であり、米国の関与を導き出すためにも、米国との協力関係を深めていかなければならないというわけである。またそうしたことは、米軍を本音では恐れている中国軍部に対する抑止力を強化することにつながり、日中間の偶発的な武力衝突を抑制できるということも期待できるのである。

こうして日米間の防衛協力はより深化してきた。そのことへの国民の反対も強いわけだが、それは政府が賢明な判断をするだろうとの信頼感が、残念ながら少ないことを意味している。実際、日米防衛協力の実務にあたった防衛官僚が、「日本の安全保障政策は、国際情勢、とりわけアメリカの戦略判断を所与のものとして受け入れ、それに合わせた政策を考案する」(柳沢協二『亡国の安保政策』)ことであったと回想する状況からすると、国民の信用を得るためには相当の努力が必要かもしれない。ただし、それは政府だけではなく、政府を選ぶ国民の責任も問われるということにもなる。問われているのは、日本の民主主義なのである。

†政治と軍事の新たな時代へ

安全保障法制の陰に隠れた形でわずかしか話題にならなかったが、防衛省の組織が二〇一五年に大幅に改革され、戦後日本の政軍関係が大きく変わろうとしている。それが「文官統制」の修正ということである。すなわち、戦後日本の政軍関係の特徴であった文官統制は緩和され、文官と制服組の関係がより対等になるように改められたのである。まず内局では、実際の部隊運用にかかわる業務が統幕に一元化されることになり、内局の運用企画局は廃止された。運用に関する法令の企画立案に関する機能は防衛政策局に移管され、さらに戦略立案のための戦略企画課が新設された。また、防衛装備庁新設に伴う改編も行われている。そのため、図16のような組織に改められた。

統幕では、前述のように部隊運用に関する業務が一元化されただけでなく、これまで部隊運用に関する対外的な説明や調整が統幕と内局で重複していたものが、統幕に内局から文官が入って運用政策総括官、さらにそれを補佐する運用政策官が置かれることになり、統幕と内局の一体性もさらに進められることになった。この結果、統幕は図17のようになった。

以上のような防衛省、統幕の改編に加えて、防衛装備庁の新設、陸上自衛隊に新たに全部隊の運用にかかわる陸上総隊の新設なども行われることになっている。こうした統幕機能強化に

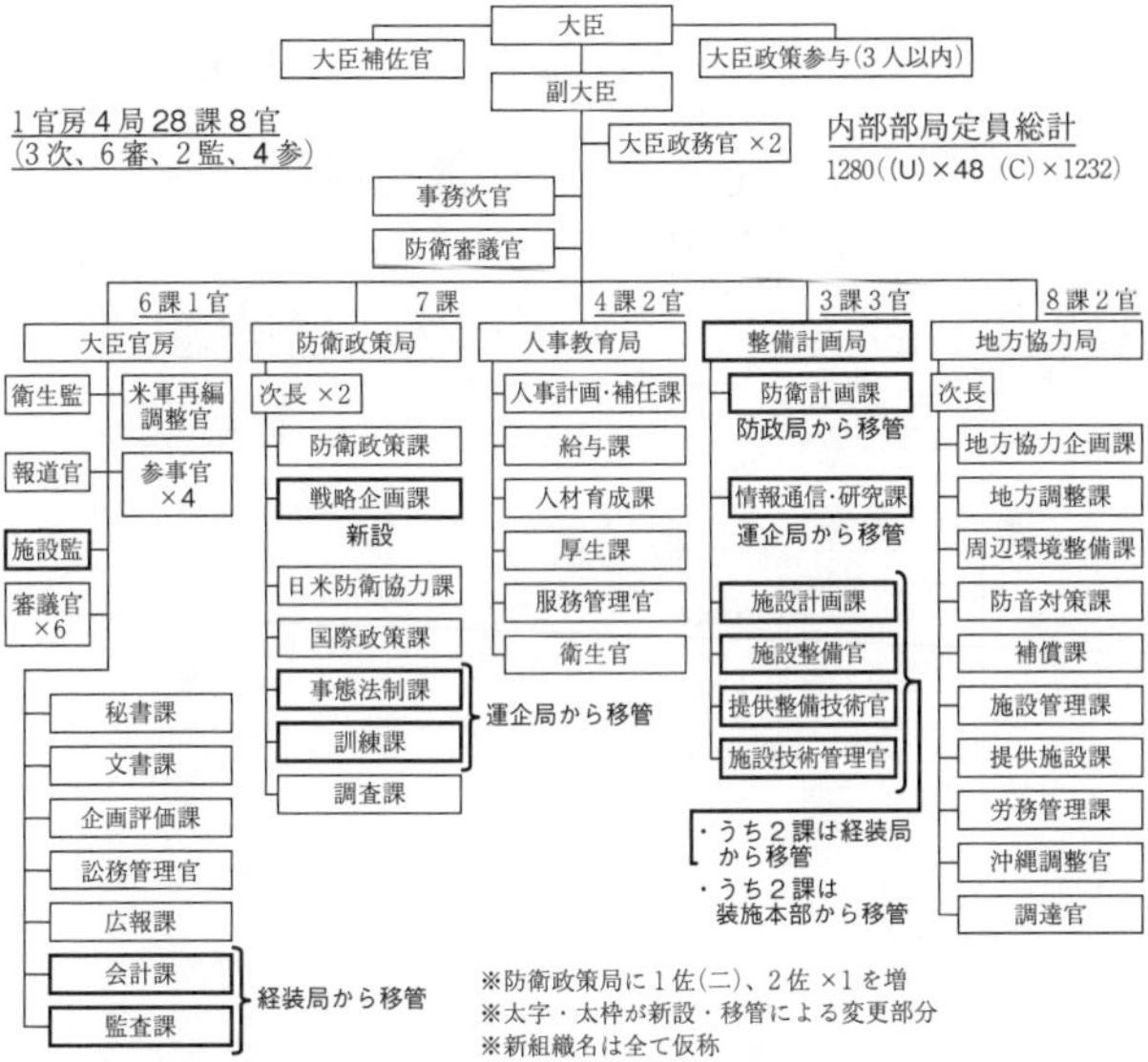

図16　防衛省の組織改革(2015年)

象徴される改革は、自衛隊が実際に使われることになり、米軍との協力もさらに深化することになったという現実に対応したものである。統合運用が進んでいる米軍との協力では、自衛隊も統合運用が求められる。また、自衛隊がさまざまな現場で活動する場合、やはり軍事専門家としての知識や経験が必要なことから、長年の「文官統制」が変更されることになったわけである。

ただし、現実の統合運用がどこまで進んでいるかというと、最初の大規模な統合作戦であった東日本大震災での救援活動でも、完全な統合には至っていなかったとも言われてお

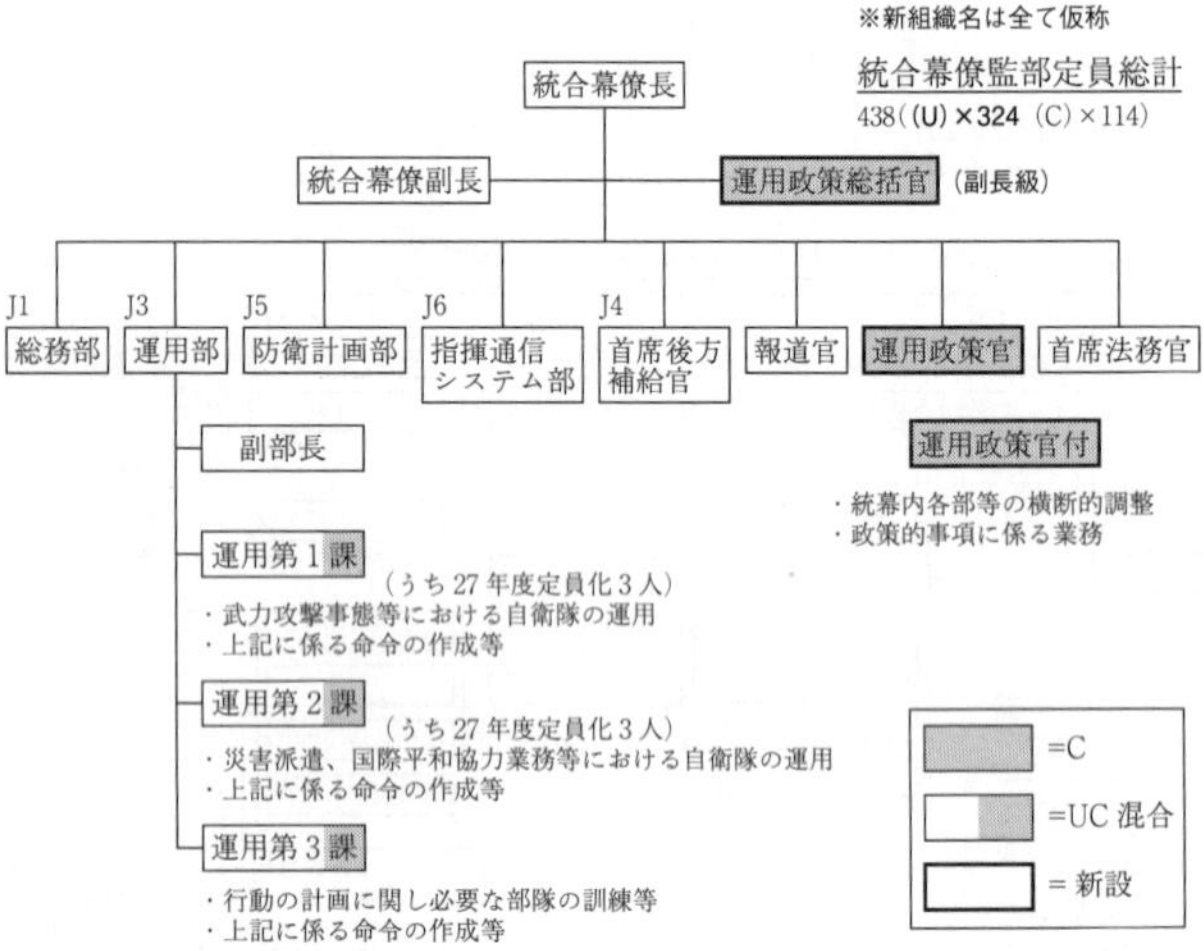

図17　統幕の改編

り、陸海空という組織の壁はまだ厚いものがあるようである（火箱芳文『即動必遂』）。

いずれにしろ、戦後日本の政軍関係の特徴と言われた「文官統制」は大きく改められることになった。これは自衛隊が実際に活動することを前提としなければならなくなったという現実の要請によるものである。では日本のシビリアン・コントロールは大丈夫なのかというと、法制上は担保されていると言っていいだろう。「文官統制」こそ緩和されたが、自衛隊の行動にはまだ多くの制約が課されており、それは他国と比較しても厳しいものである。むしろ問題は、政治の責任である。シビリアン・コントロール（文民統制）とは、選挙で選ばれた国民の代表、すなわち政治家が、安全保障の重要な決定を行い、軍はそれに従うというものである。では政治家は、いつも正しい判断をできるのかと言われれば、決してそうではない。これまでの研究でも、軍よりも政治家の判断によって多くの犠牲が出たり、無用な戦争に至った例は多くあるのである。

大事なことは、重要な決定を行う政治家が、きちんと責任を負うのかどうかであろう。たとえば、本論で紹介した「幻の治安出動」でも、政治家の責任は問われず現場にのみ責任が押し付けられた。ミグ25機事件でも、政治の判断が下されない中で現場が混乱した。自衛隊のイラク派遣にしても、派遣の根拠となるイラク復興支援特措法が成立した二〇〇三年七月から基本計画が閣議決定された同年一二月九日まで、準備指示を求める防衛庁と出し渋る官邸、派遣に関する補正予算を認めない財務省など、政府全体として重大決定に伴う責任を全うしたとは言い難い状態であった。そのため、当初イラクに持ち込まれた高機動車の防弾化が間に合わなかったという。決定は責任を生ずる。しかし、現状は、決定まではしたけれども「後は知らない」と言っているのに等しい。これでは日本の政治は責任を果たしているとは胸を張って言えないのではなかろうか。重要なのは政治の役割と責任なのである。

†自衛隊は「軍隊」になるのか

現在では、軍事機構に求められる役割は変化しつつある。戦争のための組織という単純な性格づけはできない。もちろん軍事組織であるから、「敵」と戦うことは主任務であり、そのための装備・組織・編成が行われ、訓練も実施されている。しかし、災害時の救援や支援だけでなく、国連による平和維持活動をはじめ、平和構築、信頼醸成措置など、平和な状態（「平和学」における「積極的平和」ではなく、戦争がない状態としての平和）を築くための組織として軍事組織が活動することが多くなっている。今は少なくなってはいるがいまだに存在する「軍隊＝戦争のための組織＝悪」という、日本の戦後平和主義特有の考え方は、そろそろ改めねばなるまい。

政軍関係には「軍による平和」と「軍からの平和」という二つの面があることは前述した。戦後日本は「軍からの平和」を強く意識した制度になっていた。自衛隊の活動にはさまざまな制約が課せられ、諸外国であれば、いかに精強な軍事力を構築するかに力が注がれるのに、日本では自衛隊の手足をいかに縛るか、持つべき装備でも限定させるかといった議論が長く続けられた。野党からのそうした要求に、与党も円滑な国会審議を優先するために唯々諾々として受け入れてきた傾向がある。

しかし、冷戦終了後の国際環境の変化によって、自衛隊が実際に活動する時代となった。そうなると、これまで課せられてきた制約があったままでは、自衛隊は十分な役割が果たせないことが徐々に明らかになり、今、自衛隊の活動領域は大きく拡大しつつある。法律的には今も自衛隊は軍隊ではない。しかし、憲法改正の可能性も含めて、自衛隊は軍隊になるのかということが議論される時代になったわけである。

そうした変化の時代にあって、自衛隊という組織が抱えるさまざまな問題も指摘されている。たとえば、自衛隊員の平均年齢は二〇〇八年の統計では三五・一歳で、英国より五歳ほど高い。防衛費の約四割を人件費が占めており、高齢化のために給与も高くならざるを得ない。平均年齢がもっと下がれば、経費ももう少し抑えられると財務省は批判している。財政悪化という現状から見ればやむを得ない指摘だろう。隊員の高齢化は、任務自体が高度化、専門化しており、技術に習熟する必要があることから生じているという反論もある。それにも一理ある。災害救援など、多数の労力を要する任務も今後拡大する可能性を考えると、日本自体が少子高齢化の時代であり容易に解決策が見つかる問題ではないが、適正な年齢構成は検討課題である。

また、自衛隊は巨大な官僚組織でもある。幸い、実際の戦闘を行うことなくこれまで経過してきたが、軍事組織としての真価が問われる時代が来るかもしれない。戦前の旧帝国陸海軍は、精強を謳われながら、官僚組織化による人事制度や縦割り行政などの多くの弊害が露呈し、十分な機能を発揮できなかった点が多々あると指摘されている。自衛隊は旧軍の過ちを繰り返す恐れはないのだろうか。すでに七〇年代頃から、自衛隊を長く取材する記者などのレポートには、上ばかり見る「ひらめ型」の幹部の存在なども指摘されていた。大きな組織になればなるほど、官僚化の弊害がつきまとうのはやむを得ない部分もあるが、それをいかに最小に抑えていくか、自衛隊という組織が外からは見えにくいものである以上、指導的立場にある人々の責任は重いと言える。

いずれにしろ、予算削減と組織縮小の一方で増大する任務に、自衛隊は限界に来ていると思われる。安全保障政策の転換で、さらに自衛隊に課せられる役割や期待は大きい。領域警備問題やグレーゾーン対応など、現在の安保法制でも未だに不十分と思える部分も多い。さまざまな課題に自衛隊という組織が現実に対応していけるのか、早急な検討が必要ではないだろうか。

†これからの安全保障論議に求められるもの

さて、戦後七〇年たって安全保障政策の転換が行われようとしている。さまざまな立場の人が賛否両方の意見を述べる中で、しばしば歴史の教訓に学べと指摘している。立場によって歴史の見方も異なっているように思えるが、大事な点の一つは戦前の日本が孤立化し、軍事力に頼って自己に利益となる国際秩序を強引に作っていこうとしたのは誤りだったと認識すべきことではないだろうか。そう考えた場合、残念ながら現在、力によって現在の国際秩序を変更しようと試みる強力な国家が現れてきた。ロシアと中国である。どちらも安易に戦争を求めているわけではないだろうし、経済的な結びつきも深くなっている。しかし、多くの日本人が戦争を嫌うあまり意識しないが、必要とあれば軍事力を行使するというのが国際政治の現実でもある。そういう事態を防ぐために、各国は自国の軍事力の増強や、多国間の防衛協力などを実施している。そして日本も、そうした取り組みを進めようとしているのが現状なのである。

たしかに、「安全保障のジレンマ」と言われるように、軍事力の安易な増強は、他国の不信感を招き、軍備増強競争に陥って国際的不安定さを増大する場合がある。そうならないためには、軍事力だけではなく、多面的な外交努力が必要なことは言うまでもない。こうした当たり前とも言えることが、日本では軍事問題が関係すると、極端な議論に陥りやすいのは、きわめて残念である。それは国会の議論でも、ジャーナリズムさらにはアカデミズムの中でも言えることであり、長く続いた五五年体制の時代に、現実的な安全保障論議を行ってこなかった弊害が表れているのかもしれない。

重要なことは、現在の国際秩序に力による変更が加えられようとしている現状を認識した上で、日本が何をなすべきか、何ができるのかを議論することである。いわば、日本という国家の国際的なあり方を考えるということである。その際、戦後日本が作ってきた「平和国家」というイメージをいかに活かすか、という視点も必要だろう。ただし、戦後平和主義の中で寄木細工のように組み立てられてきた防衛関係の法制度は、流動化する国際情勢に対応できなくなっているのも事実である。本論で見てきたように、自衛隊の国際的な平和協力活動も、今では自衛隊法上に掲げる任務に加えられているが、現状では自衛隊が対応できない場合も多い。東南アジア諸国など、日本に対する期待が大きいが、それに応えていくにもさまざまな法制の改革が必要になってくる。日本の中だけで通用する蛸壺のような法律論ばかりで議論を続けていてはならない時期に来ている。それは憲法にも関係してくるわけで、立憲主義を大事にするためにも、憲法の平和主義を活かしつつ、改めるべき点はないかどうかを真剣に議論することから、逃げていてはいけないのではなかろうか。

ここで考えておかねばならないのが「普通の国」という問題である。日本も「普通の国」になるべきだとしばしば語られる。ただ、「普通の国」というと、対イラク戦争を行った米国や英国のようになることだと、単純に思われていないだろうか。また、日本は米国の意向に唯々諾々と従うはずだという意見もあるが、それは自分たちが選ぶ政府を信用していないということになる。米国もそうであるが、大国とはたしかに身勝手な振る舞いをするものである。しかし集団的自衛権の行使ができたとしても、何を行い、何を行わないかは主権国家として、当然自らが選択できるのである。実際、ドイツのように直接的な武力行使ではなく後方支援を中心とした協力を行っている例もある。大事なことは、国際社会における軍事の常識を知った上で、日本という国家が何を行うのか議論する必要があるということである。日本における軍事に関する議論は特殊日本的で、国際社会では通用しないことが多い。日本だけで通用する議論ではなく、国際的な協調を目指すための建設的な議論を行っていくべき時期に来ている。

さて、警察予備隊が創設された時期には、「税金泥棒」という罵声を浴びたこともあり、六〇年代には自衛隊員やその家族への人権侵害と言える差別待遇も行われていた。そうした時代から比べると、国民の間での自衛隊への好感度ははるかに高まり、期待も大きい。軍事を語ることがタブー視されていた時代があったことが信じられないほど、今は多くの人が軍事を語っている。ただ気がかりなのは、軍事についての知識が広まり、多くの人が議論すること自体は望ましいが、少し安易に考える風潮になっていないかということである。軍事は、武器についてのカタログ・データだけで判断できるものではないし、武器自体、カタログどおりに動くものでもない。実際の戦闘はゲームとは異なり、うまくいかないならリセットしてやり直すというものではない。軍事の否定ではなく、しかし過剰な期待でもない議論を行うべきなのである。

日本の防衛政策では、「専守防衛」にしても、最近唱えられている「離島防衛」にしても、政治的スローガンであったり、内容がよくわからないままに、あるいはわかったつもりで使われているものも多い。それらも再検証すべきだろう。もっとも大事なことは、自衛隊を使うのは政治の責任であるということ、そしてその政治家を選ぶのは国民だということである。繰り返すが安全保障政策の転換にあたって問われているのは、日本の民主政治であり、さらにいえば日本国民全体が安全保障を自らの問題と考えることができるかどうか、そして日本という国家のあり方をどう考えていくのかということなのである。

おわりに

歴史学や政治学では、戦前と戦後の断絶性と継続性が議論されることがある。経済学でも「一九四〇年体制」のように戦前との継続性を重視する意見もある。その点で、安全保障政策に関しては戦前と戦後の断絶性は顕著だろう。軍部の力がきわめて強い体制から、戦争を放棄し、戦力を持たないことを誓う体制に変わったわけである。日中戦争以降は軍国主義が称揚されたが、戦後は一転して軍事には否定的な社会となった。少なくとも冷戦が終わる頃まで、アカデミズムで正面から自衛隊を取り上げること自体、困難であった。著者も以前、「軍事的合理性」という言葉を使ったと学会誌で批判されたが、そういった状況は大きく変わり、今は若い研究者たちも正面から堂々と自衛隊について論じることができる時代になった。

かつて「税金泥棒」や「人殺しの技術を訓練している」といった批判ばかり受けていた自衛隊は多くの国民に定着し、信頼されている。一番大きく変わったのは、自衛隊が実際に活動する場面が増大したということである。そのため、防衛省・自衛隊という組織も、今、大きく変化しようとしている。日本の安全保障体制自体、大きな変革期にあると言っていいだろう。ただ、現在の安全保障論議を聞いていると、冷戦時代に先祖返りしたような議論や、議論のための議論と思えるものもいまだに行われている。また、自衛隊の任務増大にともなってさまざまな議論がすでに行われてきたにもかかわらず、それが生かされていないことも多い。また、異論に不寛容なだけでなく排除するような意見が見られることを残念に思っている人も多いのではないだろうか。

さて、安全保障政策の転換期という重要な時期に本書を刊行できることは、著者として大変ありがたいことである。本書は、著者がこれまで書いてきた防衛庁(省)・自衛隊に関する著書をベースに、最近の問題も含めて書き下ろしたものである。現在展開されている安全保障政策に関する議論の理解に役立てていただければ、著者として望外の喜びである。

本書は、筑摩書房新書編集部の松田健氏のお勧めで執筆することになった。全体の構成案の段階から丁寧に相談に乗っていただき、寛容な中にもタイミングを失わない督促など、松田氏の絶妙な手腕で刊行にこぎつけることができた。松田氏に心から感謝したい。

なお、これまでの研究でご指導をいただいた先生、お世話になっている人々のお名前をお一人ずつ挙げるべきだが、あまりにも多くの方々であるので、これからも研鑽を積んでいくことをお約束することで、非礼をお許しいただきたい。

最後に、いつものことであるが、不定期に帰宅し、在宅してもなかなか落ち着かない夫・父を、いつも温かく見守ってくれている妻・息子・娘と、故郷で暮らす母に、心からの感謝の意を伝えたい。

二〇一五年　国会の安保法制議論を聞きつつ

佐道明広

参考文献

※自衛隊および防衛政策の歴史に関する文献は膨大な数に達する。ここでは、研究者ではない一般読者の方や、これから本格的に勉強しようと考えている学生などの役に立つことを第一に考え、入手しやすいもの、古書でしか入手できないが必読のものを選んで紹介する。ただし、安全保障全般や現在の国際情勢分析、軍事問題、法律問題を扱った文献は除く。対象は邦語文献に限定し、論文は割愛した。本文中で引用したものには（＊）を付す。

1　役所関係（防衛省及び関係機関が刊行しているもの）

『防衛白書』各年版はすべて防衛省のホームページ（以下ＨＰ）で閲覧可能。
『防衛年鑑』各年版、防衛年鑑刊行会
『アジアの安全保障』各年版、平和安全保障研究所
『東アジア戦略概観』各年版、防衛省防衛研究所

2　報告書など

「総合安全保障研究グループ報告書」東京大学東洋文化研究所ＨＰ（＊）
「『統合運用に関する検討』成果報告書」統合幕僚会議（＊）〔以前は防衛省ホームページから閲覧できたが、現在は不可能〕
「安全保障の法的基盤の再構築に関する懇談会」報告書（総理官邸ＨＰ）

3　資料集

『戦後日本防衛問題資料集』大嶽秀夫編・解説、三一書房、全三巻、一九九一～九三
『日本現代史資料　日米安保条約体制史　国会論議と関係資料』末川博・家永三郎監修、吉原公一郎・久保綾三編、三省堂、全四巻、一九七〇～七一

4　オーラルヒストリー（政策研究大学院大学（政策研究院）と防衛研究所が実施・刊行したもの）

政策研究院（政策研究院のプロジェクトは二〇〇五年に終了し、「近代日本史料研究会」が作業を引き継ぎ刊行した）
『海原治　元内閣国防会議事務局長』上・下、二〇〇一（＊）

『伊藤圭一　元内閣国防会議事務局長』上・下、二〇〇三
『夏目晴雄　元防衛事務次官』二〇〇四
『宝珠山昇　元防衛施設庁長官』上・下、二〇〇五（＊）
『大賀良平　元海上幕僚長』上・下、二〇〇五
『小田村四郎　元行政管理事務次官』二〇〇四
『栗山尚一　元外務次官・駐米大使』二〇〇五（＊）
『吉元政矩元沖縄県副知事オーラルヒストリー』二〇〇五（＊）
『塩田章　元国防会議事務局長』近代日本史料研究会※、二〇〇六
『佐久間一　元統合幕僚会議議長』上・下、近代日本史料研究会※、二〇〇七

防衛研究所

『中村悌次　元海上幕僚長』上・下、二〇〇六
『佐久間一　元統合幕僚会議議長』上・下、二〇〇七
『中村龍平　元統合幕僚会議議長』二〇〇八
『内海倫　元防衛事務次官』二〇〇八
『山田良市　元航空幕僚長』二〇〇九
『西元徹也　元統合幕僚会議議長』上・下、二〇一〇
『鈴木昭雄　元航空幕僚長』二〇一一
『冷戦期の防衛力整備と同盟政策①〜⑤』玉木清司、竹田五郎、吉田學、堀江正夫、森繁弘、源川幸夫、石津節正、吉川圭祐、村松榮一、寺島泰三、三井康有、山口利勝、日置昌宏（①二〇一二、②二〇一三、③二〇一四、④⑤は二〇一五）

5　辞典類

『新版　日本外交史辞典』山川出版社、一九九二（＊）
『現代安全保障用語事典』信山社出版、二〇〇四

6　単行本（著者名の五〇音順）

研究者やジャーナリストなどによるもの

阿川尚之『海の友情――米国海軍と海上自衛隊』中公新書、二〇〇一

明田川融『日米行政協定の政治史——日米地位協定研究序説』法政大学出版局、一九九九
五百旗頭真『占領期——首相たちの新日本』読売新聞社、一九九七（二〇〇七年に講談社学術文庫として復刊）（＊）
植村秀樹『再軍備と五五年体制』木鐸社、一九九五
NHK報道局「自衛隊」取材班『海上自衛隊はこうして生まれた——「Y文書」が明かす創設の秘密』NHK出版、二〇〇三
NHK放送世論調査所編『図説　戦後世論史』第二版、NHKブックス、一九八二（＊）
遠藤誠治編『日米安保と自衛隊』岩波書店、二〇一五
大嶽秀夫『再軍備とナショナリズム』中公新書、一九八八
大嶽秀夫『日本の防衛と国内政治』三一書房、一九八三
大月信次、本田優『日米FSX戦争——日米同盟を揺がす技術摩擦』論創社、一九九一
小川和久『戦艦ミズーリの長い影——検証・自衛隊の欠陥兵器』文藝春秋、一九八七
上西朗夫『GNP1%枠——防衛政策の検証』角川文庫、一九八六
草地貞吾・坂口義弘「自衛隊史」編さん委員会編著『自衛隊史』日本防衛調査協会、一九八四
近代日本研究会編『協調政策の限界——日米関係史一九〇五〜一九六〇』年報・近代日本研究一一、山川出版社、一九八九
楠綾子『吉田茂と安全保障政策の形成』ミネルヴァ書房、二〇〇九
坂元一哉『日米同盟の絆——安保条約と相互性の模索』有斐閣、二〇〇〇
桜林美佐『誰も語らなかった防衛産業』並木書房、二〇一〇
佐瀬稔『自衛隊の三十年戦争』講談社、一九八〇年（＊）
佐道明広『戦後日本の防衛と政治』吉川弘文館、二〇〇四
佐道明広『戦後政治と自衛隊』吉川弘文館、二〇〇六
佐道明広『自衛隊史論——政・官・軍・民の六〇年』吉川弘文館、二〇一五
自衛隊を活かす会編著『新・自衛隊論』講談社現代新書、二〇一四
柴山太『日本再軍備への道——一九四五〜一九五四年』ミネルヴァ書房、二〇一〇
庄司貴由『自衛隊海外派遣と日本外交——冷戦後における人的貢献の模索』日本経済評論社、二〇一五
外岡秀俊・本田優・三浦俊章『日米同盟半世紀——安保と密約』朝日新聞社、二〇〇一
瀧野隆浩『出動せず——自衛隊六〇年の苦悩と集団的自衛権』ポプラ社、二〇一四
田中明彦『安全保障——戦後五〇年の模索』読売新聞社、一九九七
田村重信編著『防衛省誕生——その意義と歴史』内外出版、二〇〇七
中馬清福『再軍備の政治学』知識社、一九八五年

手嶋龍一『ニッポンFSXを撃て――日米冷戦への導火線・新ゼロ戦の計画』新潮社、一九九一
手塚正己『凌ぐ波濤　海上自衛隊をつくった男たち』太田出版、二〇一〇
堂場肇『日本の軍事力――自衛隊の内幕』読売新聞社、一九六三
豊下楢彦編『安保条約の論理――その生成と展開』柏書房、一九九九
中島信吾『戦後日本の防衛政策――「吉田路線」をめぐる政治・外交・軍事』慶應義塾大学出版会、二〇〇六
西田博編『警察予備隊の回顧――自衛隊の夜明け』新風舎、二〇〇三
日本政治学会編『年報政治学一九九七　危機の日本外交――七〇年代』岩波書店、一九九七
秦郁彦『史録　日本再軍備』文藝春秋、一九七六
原彬久『戦後日本と国際政治――安保改定の政治力学』中央公論社、一九八八
廣瀬克哉『官僚と軍人――文民統制の限界』岩波書店、一九八九
前田哲男『自衛隊は何をしてきたのか？――わが国軍の40年』筑摩書房、一九九〇（一九九四年に『自衛隊の歴史』ちくま学芸文庫として復刊）
増田弘『自衛隊の誕生――日本の再軍備とアメリカ』中公新書、二〇〇四
三宅正樹『政軍関係研究』芦書房、二〇〇一
三宅正樹編集代表『戦後世界と日本再軍備』「昭和史の軍部と政治　第五巻」、第一法規出版、一九八三
吉田真吾『日米同盟の制度化――発展と深化の歴史過程』名古屋大学出版会、二〇一二
読売新聞戦後史班編『「再軍備」の軌跡　昭和戦後史』読売新聞社、一九八一（二〇一五年に中公文庫として復刊）

外国人の著作（とくに有益なもの）
ジェームズ・アワー『よみがえる日本海軍――海上自衛隊の創設・現状・問題点』上・下、妹尾作太男訳、時事通信社、一九七二
F・コワルスキー『日本再軍備――私は日本を再武装した』勝山金次郎訳、サイマル出版会、一九六九
リチャード・サミュエルズ『日本防衛の大戦略――富国強兵からゴルディロックス・コンセンサスまで』白石隆監訳、中西真雄美訳、日本経済新聞出版社、二〇〇九

政治家、官僚などの著作・回想録
赤城宗徳『今だからいう』文化総合出版、一九七三
大久保武雄『海鳴りの日々』海洋問題研究会、一九七八
大村譲治『回顧と展望』コスモ出版、一九九三

小里貞利『震災大臣特命室』読売新聞社、一九九五（＊）
坂田道太『小さくても大きな役割』朝雲新聞社、一九七七
中曽根康弘『天地有情　五十年の戦後政治を語る』インタビュー：伊藤隆・佐藤誠三郎、文藝春秋、一九九六（＊）
西村熊雄『サンフランシスコ平和条約・日米安保条約』（シリーズ戦後史の証言　占領と講和7）中公文庫、一九九九
林修三『法制局長官生活の思い出』財政経済弘報社、一九六六（＊）
船田中『激動の政治十年――議長席からみる』一新会、一九七三
『至誠動天　保科善四郎白寿記念誌』河村幸一郎編、保科善四郎先生の白寿を祝う会発行、一九八九
宮沢喜一『東京―ワシントンの密談』実業之日本社、一九五六（一九九九年に中公文庫として復刊）

防衛省（庁）および自衛隊関係者によるもの

大賀良平『シーレーンの秘密――米ソ戦略のはざまで』潮文社、一九八三
大賀良平、竹田五郎、永野茂門『日米共同作戦――日米対ソ連の戦い』麹町書房、一九八二
太田述正『防衛庁再生宣言』日本評論社、二〇〇一
大森敬治『我が国の国防戦略』内外出版、二〇〇九
折木良一『国を守る責任――自衛隊元最高幹部は語る』PHP新書、二〇一五
海原治『私の国防白書』時事通信社、一九七五
加藤陽三『私録・自衛隊史――警察予備隊から今日まで』「月刊政策」政治月報社、一九七九
『久保卓也　遺稿・追悼集』編集発行＝久保卓也遺稿・追悼集刊行会、一九八一
佐々淳行『ポリティコ・ミリタリーのすすめ――日本の安全保障行政の現場から』都市出版、一九九四
佐藤守男『警察予備隊と再軍備への道――第一期生が見た組織の実像』芙蓉書房出版、二〇一五
杉田一次『忘れられている安全保障』時事通信社、一九六七
塚本勝一『自衛隊の情報戦――陸幕第二部長の回想』草思社、二〇〇八
火箱芳文『即動必遂』マネジメント社、二〇一五
冨澤暉『逆説の軍事論』バジリコ、二〇一五
夏川和也・山下輝男『岐路に立つ自衛隊――戦後の変遷から未来を占う』文芸社、二〇一五
守屋武昌『日本防衛秘録』新潮社、二〇一三（＊）
柳澤協二『亡国の安保政策――安倍政権と「積極的平和主義」の罠』岩波書店、二〇一四（＊）

ちくま新書
1152

自衛隊史《じえいたいし》
——防衛政策《ぼうえいせいさく》の七〇年《ななじゅうねん》

二〇一五年一一月一〇日　第一刷発行

著者　佐道明広（さどう・あきひろ）
発行者　山野浩一
発行所　株式会社 筑摩書房
東京都台東区蔵前二-五-三　郵便番号一一一-八七五五
振替〇〇一六〇-八-四一二三
装幀者　間村俊一
印刷・製本　株式会社 精興社

乱丁・落丁本の場合は、左記宛にご送付下さい。
送料小社負担でお取り替えいたします。
ご注文・お問い合わせも左記へお願いいたします。
〒三三一-八五〇七　さいたま市北区櫛引町二-六〇四
筑摩書房サービスセンター　電話〇四八-六五一-〇〇五三

ISBN978-4-480-06860-6 C0231

ちくま新書

1111
平和のための戦争論
——集団的自衛権は何をもたらすのか？
植木千可子
「戦争をするか、否か」を決めるのは、私たちの責任になる。集団的自衛権の容認によって、日本と世界はどう変わるのか？　現実的な視点から徹底的に考えぬく。

1122
平和憲法の深層
古関彰一
日本国憲法制定の知られざる内幕。そもそも平和憲法は押し付けだったのか。天皇制、沖縄、安全保障……その背後の政治的思惑、軍事戦略、憲法学者の主導権争い。

1033
平和構築入門
——その思想と方法を問いなおす
篠田英朗
平和はいかにしてつくられるものなのか。武力介入や犯罪処罰、開発援助、人命救助など、その実際的手法と背景にある思想をわかりやすく解説する、必読の入門書。

1132
大東亜戦争　敗北の本質
杉之尾宜生
なぜ日本は戦争に敗れたのか。情報・対情報・兵站の軽視、戦略や科学的思考の欠如、組織の制度疲労——多くの敗因を検討し、その奥に潜む失敗の本質を暴き出す。

905
日本の国境問題
——尖閣・竹島・北方領土
孫崎享
どうしたら、尖閣諸島を守れるか。竹島や北方領土は取り戻せるのか。平和国家・日本の国益に適った安全保障とは何か。国防のための国家戦略が、いまこそ必要だ。

1146
戦後入門
加藤典洋
日本はなぜ「戦後」を終わらせられないのか。その核心にある「対米従属」「ねじれ」の問題の起源を世界戦争に探り、憲法九条の平和原則の強化による打開案を示す。

1005
現代日本の政策体系
——政策の模倣から創造へ
飯尾潤
財政赤字や少子高齢化、地域間格差といった、わが国の喫緊の課題を取り上げ、改革プログラムのための思考を展開。日本の未来を憂える、すべての有権者必読の書。